會開瓦斯就會煮 ③

就是這個味!

大象主廚—著

會開瓦斯就會煮第三彈！
子管是平時在家自己煮
或是煮給親朋好友都沒問題
簡單清晰的步驟
三本敎戰手冊
準備滿漢全席也子怕！！！

就是這個味!

我們用青春追逐山川湖海、又因成熟而留戀廚房,畢竟,跑得再遠,總要回家。平日為了生存努力的樣子也許狼狽,但餐桌那一縷飄香的飯菜便是撫慰!本書或許沒有米其林星級大菜,或許沒有技驚全場的料理,但有的卻是最樸實也最實用,同時也最能引起共鳴的家常美味料理,希望大家透過本書都能做出「就是這個味!」,找到屬於自己的那份歸屬感!

這次前導的部分,我重新檢視並更新了自己常用的調味料,希望能讓讀者更瞭解這本食譜書的風味!俗話說得好:「工欲善其事、必先利其器」,因每天在網路跟讀者互動多年,發現許多人對於氣炸鍋和不沾鍋,這兩大家庭常用的工具,有著諸多一知半解的困惑,所以我特別希望利用出書的機會,針對這兩個部分寫成專題,並套入全新的設計概念,運用大量且清楚明瞭的插圖,深入淺出幫助大家將觀念釐清,希望每個人從這本書開始,學會如何充分利用工具,而不是被工具所奴役!

本書是以 70 道瓦斯爐的直火料理為主,30 道氣炸鍋料理為輔,希望便利的氣炸鍋,能成為大家快速出餐的神兵利器!在菜單的編排上,本書收錄了整整 100 道料理,其中不但精選 Instagram 發表過的經典菜色,如:「排骨燜飯」、「蛤蜊蒸蛋」及「番茄荷包蛋燜麵」等料理,更有多達 60 道未曾公開過的食譜以饗讀者,大家可以期待一下全新的內容!

另外,全書的呈現方式,保持與前兩本相同的優良傳統,詳細的步驟圖、簡單易懂的說明、文末提點的料理小知識一樣都沒有少,希望能讓新手受用、老手實用,讓所有閱讀此書的朋友能按步驟完成美味料理,成就感爆棚!

文末,必須感謝所有讀者對我前兩本書《會開瓦斯就會煮》、《會開瓦斯就會煮【續攤】》的支持與肯定,讓我榮登誠品書店與博客來網路書店暢銷排行榜百周之久!這對我而言真的是最大的鼓勵,因為有大家的支持,我才有更多創作的動力與靈感!未來,我會帶著大家的期待,不斷追求卓越,以及時時提醒自己莫忘初衷,繼續推出更多、更棒的作品!

最後的最後,再次感謝一路支持我的讀者、家人及朋友們,還有這次的彩蛋是郭靜可愛的插圖,希望有一天可以吃到阿郭帥的料理唷!

大象主廚

PART
3 │ 不開瓦斯也能煮，氣炸鍋料理華麗上桌
（**牛、豬、雞肉篇**）

PART
4 | 不開瓦斯也能煮，氣炸鍋料理華麗上桌
（ 海鮮、蛋豆蔬菜類、簡易甜點篇 ）

PART
5 | 一鍋搞定快速上桌
（ 省時省力好料理 ）

PART
7 | 家常食材煮出掃盤料理
（海鮮、蛋豆蔬菜篇）

PART
6 | 家常食材煮出掃盤料理
（牛肉、豬肉、雞肉篇）

PART
1

象廚開煮小講堂

本書使用的
測量工具與調味料

測量工具

料理量匙。1大匙：15cc
　　　　　1小匙：5cc
　　　　　1/2小匙：2.5cc
　　　　　1/4小匙：1.2cc

薑1小塊（約5克）。

註：本書未特別標示皆為
　　老薑。

蒜頭1瓣（約5克）。

註：本書特別大的蒜頭會
　　另外標示重量。

基礎調味料

味好美自磨式喜馬拉雅玫瑰
鹽：鹹度較低，常用於排餐
或需要少量鹽的菜品。

天日鹽：鹹度較高，一般家
常菜都使用這款。

味好美黑胡椒：各式料理增
香提味用。

台糖精緻細砂：白砂糖，甜
度高，適合各式料理增加甜
度用。

臺南東成原汁醬油：味道甘
甜不死鹹。

小磨坊白胡椒：各式料理增
香提味用。

蠔油與醬油膏

屏科大薄鹽醬油膏：鹹度較醬油低，味道也較甜。

李錦記舊庄特級蠔油：鮮蠔熬製適合用來為食物提鮮。

金標老抽：加入焦糖色素製作而成，為菜品增加色澤及亮度用。

糖醋類

冰糖：純度高，口感甘醇溫順，牌子不拘。

蜂之饗宴龍眼蜜：代替糖使用，花香濃韻、尾韻飽滿綿長。

工研白醋：清澈透明、酸味足。

白兔牌上烏醋：醋味帶層次、濃郁、影響料理顏色。

雷霆之地巴薩米克醋：義大利特有的陳年葡萄醋，酸甜風味迷人，搭配蔬菜及肉類都適合！

酒類

紅標料理米酒：常用於台菜，功能為去腥增香。

玉泉陳年紹興酒：去腥增香用，並讓菜品有特殊芬芳香氣。

玉泉花雕酒：去腥增香用，並讓菜品有特殊芬芳香氣。

達人料理白酒：西式料理用。

達人料理紅酒：西式料理用。

料理用油

三和玄米胚芽油：中、日式
料理用。

【王后之地】普利亞特級冷
壓初榨橄欖油。

九鬼芳醇胡麻油：功能同香
油，味道更醇厚香氣更足。

德昌黑麻油：臺式三杯及麻
油料理必備的古早味。

總統牌有鹽奶油：提升菜品
香氣用。

總統牌鮮奶油：讓菜品具有
奶香味且濃稠。

其他風味

●中式

小磨坊粗粒黑胡椒：
需大量黑胡椒料理
用，如：黑胡椒牛
柳、鐵板豆腐。

味好美五香粉：台式
風味來源，可用於滷
肉燥、排骨、鹹酥
雞。

明德辣豆瓣醬：滷用
或熱炒皆可用，鹹大
於辣。

可果美番茄醬：用於
配色及增加酸甜度。

牛頭牌沙茶醬：除了可作為
火鍋沾醬外，用於熱炒亦可
增加香氣。

桂冠沙拉醬：台式料理用，
甜度較高。

甘草粉：中藥房購入，醃漬
鹹豬肉使用。

●日式

幻之七味粉：日本購
入，臺灣可用小磨坊
替代，其味道多層次
適合氣炸、燒烤料
理。

本場信州味噌：日式
料理重要風味來源。

穀盛純米霖（味
醂）：日式料理重要
風味來源。

烹大師鰹魚粉：中、
日式料理提味用。

S&B芥末：味道強烈
適合生食料理搭配。

Bull-Dog日式豬排
醬：本食譜用於氣炸
豬排。

●泰式

葵果魚露：本書用於
泰式松阪豬。

工欲善其事、必先利其器
氣炸鍋教戰守則

　　氣炸鍋是近年來興起的產品，功能類似旋風型烤箱，但體積更小、速度更快，本篇將深入淺出介紹氣炸鍋的功能與操作方式，並解析使用上常出現的問題與盲點，幫助大家在使用瓦斯爐之餘，巧妙地運用氣炸鍋來輔助出餐，藉以達到事半功倍的效果！

氣炸鍋及配件組

溫度控制鍵：區間為攝氏160～200度

電源鍵：控制主機開與關

時間控制鍵：區間為0～25分鐘

炸籃：盛裝食材用，底部有孔洞可過濾多餘油脂

外鍋：收集烘烤食材過濾出的油脂

氣炸鍋加熱原理

氣炸鍋原理類似旋風型烤箱，其透過加熱管使鍋內氣體升溫，再利用高性能風扇，使高溫氣體在食物周圍循環，能快速且有效逼出食物的水分和油分，使其表皮呈現香脆的口感，因做出的成品形似炸物，因此得名「氣炸鍋」！

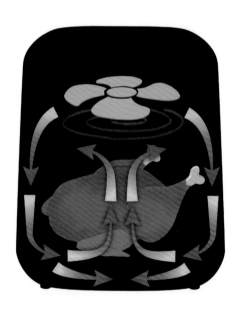

氣炸鍋開鍋方式

氣炸鍋初次使用都會有股新機的塑膠味，此時只要運用正確的開鍋方式，就能成功消除異味！

① 將檸檬切片放入氣炸鍋中。　② 攝氏 180 度 15 分鐘運轉。　③ 完成後取出果皮，清洗炸籃及外鍋即完成！

氣炸的「溫度與時間」萬用原則

能送氣炸鍋烹調的食物百百種，本書以有限的頁數，無法完整羅列所有的食材烹調溫度與時間，故歸納一套判斷的萬用原則，幫助大家未來面對各種食材，都能駕輕就熟地處理！

·依照食材「特性」決定加熱的溫度

氣炸鍋溫度可區分為低、中、高溫（攝氏160度、180度、200度），我們可以依據食材含油程度，決定設定的溫度！若實在不知道食材含油多寡，則一律建議以中溫攝氏180度烹調，此溫度最安全且不易失敗！

若食材含油程度越高，則需低溫將油逼出，如：五花肉。（五花肉氣炸溫度攝氏 160 度 20 ～ 25 分鐘）

若食材含油程度越低，則需高溫快速將食物烤熟避免乾柴，如：海鮮類。（草蝦氣炸溫度攝氏 200 度 4 ～ 5 分鐘）

· 依照食材的「易熟程度」決定加熱的時間

一般情況下，建議以10分鐘為原則，並依據「食材厚度」增減加熱時間。

若食材越厚，如：排骨或雞腿排等，則須延長加熱時間。（雞腿排攝氏180度12～14分鐘）

若食材越薄，如：肉片、蔬菜或海鮮等，則減少加熱時間即可！（肉片攝氏180度5～6分鐘）

· 冷凍即時食品處理準則

冷凍即時食品如：雞塊、薯餅、薯條、蔥抓餅等，無須解凍直接氣炸，利用氣炸鍋一次達到解凍與加熱兩種效果。若食材表面油份較少，可於其表面噴油幫助上色且酥脆，並建議以中溫攝氏180度10分鐘為原則。

薯餅從冰箱取出不用解凍，在表面抹上油後，直接氣炸。

氣炸料理好用的工具

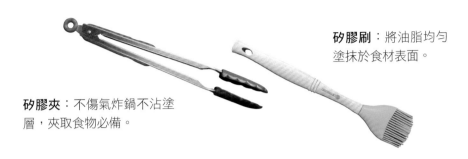

矽膠刷：將油脂均勻塗抹於食材表面。

矽膠夾：不傷氣炸鍋不沾塗層，夾取食物必備。

噴油瓶：功能同矽膠刷，可使用市售噴油瓶，或是自己單獨買瓶子裝油使用！

備註：右瓶為Mistifi噴油瓶，效果為大範圍霧狀，推薦使用！

烘焙紙：製作紙包料理使用，可參考本書「法式檸檬紙包魚」及「蒜香紙包海鮮」。

氣炸鍋的清潔方式

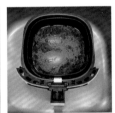

清潔炸籃與外鍋：以海棉及中性洗滌劑清洗，避免傷害不沾塗層，如清洗後仍有頑強殘留物，建議浸泡在熱水10分鐘，泡軟後再清洗。

定期清潔加熱管及風扇：氣炸鍋的加熱管及風扇不容易髒，建議每隔一段時間（約2～3個月）清理一次即可！清潔時將氣炸鍋倒置，便可看到被戲稱為「蚊香」的加熱管及風扇，接著以溼布將上面油汙擦拭乾淨即可！

氣炸鍋常見 Q&A

Q1

要墊烘焙紙嗎？

A：若氣炸鍋炸籃為不沾材質，則無須墊烘焙紙以免影響熱空氣對流。

Q2

食材如何擺放及是否需要翻面？

A：請參考氣炸鍋原理，其是透過高溫氣旋，讓食材均勻受熱，故食材無須翻面亦可熟透！

Q3

食材是否需要噴油？

A：需判斷食材本身的含油程度決定，若食材含油脂，如：雞翅、五花肉等，則不須額外噴油；若食材本身無油脂，如：蔬菜、海鮮類，則需要噴油，避免食物乾柴且可增加香氣。另外特別注意若食材有裹粉，如：本書日式炸豬排、台式排骨酥等，亦需要噴油幫助食材上色。

Q4

食材如何擺放？

A：請參考氣炸鍋原理，其是透過高溫氣旋讓食材均勻受熱，故食材不可太緊密及堆疊，應留有空間使空氣對流。

Q5

氣炸鍋擺放位置？

A：建議放置在抽油煙機底下，因使用氣炸鍋的過程中，仍會產生少許油煙，應該打開抽油煙機以利通風。

Q6

氣炸鍋需要像烤箱一樣預熱嗎？

A：氣炸鍋體積小、速度快，可以不必像烤箱一樣預熱。

Q7

沒有氣炸鍋用烤箱可以嗎？

A：氣炸鍋原理類似烤箱，用烤箱替代是沒問題的！若用烤箱的話，請參考本書食譜，溫度設定不變，加熱時間延長 2～3 分鐘即可！

你該知道的那些小事
不沾鍋操作方式全解析

　　不沾鍋又號稱「懶人鍋」或「傻瓜鍋」，因為其用法簡單，買回來即可馬上使用，也無須特殊保養，新手也能輕鬆駕馭，本章節將深入淺出介紹不沾鍋相關知識，以及避免塗層受傷及延長壽命之方法！

不沾的科學原理

　　一般鍋具表面看似平滑，但其實布滿細細的孔洞，若是沒有經過熱鍋熱油的前置步驟，讓鍋具表面形成薄薄的油膜，食物就容易卡在孔洞裡而造成黏鍋！

　　但不沾鍋則不同，其表面已塗上一層結構較密的塗料，可有效減少食物和醬汁黏在鍋子上的情形，目前市面上的不沾鍋款式，不管使用哪種塗層材質，如常見的聚四氟乙烯（PTFE）塗層、陶瓷塗層或鑽石塗層，基本上都有不沾、減少用油量等作用。

選擇合適的鍋具

　　購入鍋子前，建議考量「家中吃飯人數」、「每週下廚次數」、「鍋子的重量」、「拿起來的順手程度」等面向再做決定！

　　另外，塗層選購上可依預算與使用習慣做決定，建議挑選知名，且有SGS檢驗獲得國家認證的廠牌，切勿購買來路不明的鍋子，以確保使用安全：

不沾鍋使用心法

・開鍋方式

新買的鍋子只需清洗乾淨並擦乾即可，不須要燒熱鍋子開鍋或上油保養，此法是鐵鍋專用，目的是為了燒掉防鏽油，及保持物理不沾的效果，不沾鍋本身已有塗層，無須多此一舉！

・避免鍋子空燒

空燒是指不放油或食材，直接開火把鍋子燒熱或燒至冒煙，此舉會嚴重傷害鍋身塗層，並減少鍋子使用壽命，應徹底避免。

・冷鍋冷油為原則

不沾鍋應於冷鍋時倒油，在冷油狀態放入食材拌炒，方可保護塗層並延長鍋子使用壽命。

・熱鍋熱油為例外

若是有將油燒熱的需求（如滑蛋蝦仁須先將油燒熱才能滑蛋），則可先讓油均勻分布在鍋底，此時再加熱燒油，避免塗層空燒，又能順利完成料理！

· 避免烹煮硬殼類

硬殼類海鮮食材如螃蟹、蛤蜊，可能於拌炒過程與鍋具產生摩擦，致使磨損、刮傷塗層，如有需求建議改用鐵鍋或不鏽鋼鍋具進行料理。

· 使用木鏟或矽膠鏟

使用不會刮傷塗層的木鏟或矽膠鍋鏟，可有效延長鍋子的壽命，盡量不要用金屬材質鍋鏟，若要使用應避免強力刮磨鍋底。

· 是否能開大火炒菜及油炸

不沾鍋塗層可以耐高溫至攝氏250度左右，一般家用瓦斯爐大火拌炒或是油炸，溫度約攝氏150度至180度，因此開大火及油炸皆沒問題！

正確的清潔與保養方式

· 避免急遽溫差

每次料理後，須等鍋子冷卻才能清洗，避免因溫差過大使塗層與鍋子的壽命縮減！但若煮好一道菜，想立刻烹調下一道，可先用冷水沖洗鍋背約15秒，待鍋身降溫且摸起來不燙後再清洗鍋面。

・較難清潔時處理方式

若有食材或醬汁乾掉、附著於鍋底，可在鍋內加入熱水，浸泡一段時間，殘渣物就會軟化並脫離鍋面，此時再進行清理就能輕鬆去除，且不會對塗層造成傷害！

・清洗工具

不沾鍋因為不沾的特性，清洗十分方便，建議以中性清潔劑搭配海綿或軟布清洗，不可用強酸、強鹼，或是鐵刷、鋼絲球、硬質菜瓜布等容易傷害塗層的材質，亦要避免用洗碗機清洗，以免腐蝕、破壞鍋具表面的塗層。

・保養方式

不沾鍋保養方式很簡單，每次使用完畢洗淨擦乾即可，切勿於鍋面上油，避免油脂久放變質，導致鍋面黏膩。

不沾鍋的壽命

不沾鍋屬於消耗品，一段時間便要汰舊換新，判斷能否繼續使用的標準，就是注意鍋面是否有剝落、明顯刮痕、變色、不正常凹凸等異常情況，出現以上情況，代表塗層已開始被破壞，久而久之會使不沾效果大打折扣，甚至出現黏鍋現象，也容易在加熱過程中釋出金屬物質等，一旦有這種情況發生，建議立即做更換！

Instagram
高人氣家常菜 TOP10

新手成就感練功房

滿室飄香排骨燜飯

這道料理是 2021 年我的 IG 最熱門的菜,放在本書第一篇當做開場實在太適合了!在蒸煮的時候香味四溢充斥著廚房,粒粒分明且晶瑩剔透的米飯,吸收滿滿醬汁再搭配半筋半肉的梅花肉,真的超級好吃且口感一流,一不留神就會吃到見底,這道料理你一定要挑戰看看!

▌ 材料（3～4人份）

米…2杯（1杯160cc）
梅花肉…600克
蔥…5支
薑…3片
蒜頭…5瓣
米酒…60cc
水…300cc

調味料

醬油…60cc
冰糖…1/2小匙
白胡椒粉…1/4小匙
鹽…1/4小匙（最後調味放）

 小知識

❶ 醬油：（米酒＋水）＝60：360＝1：6，不用擔心味道太淡，燒煮20分鐘後，水分揮發味道剛好！

❷ 浸泡後更容易蒸熟。

❸ 先放醬汁再放排骨，可精準計算水量避免米飯過溼。

❹ 用電鍋前面燉煮步驟都一樣，外鍋水量2杯，跳起來燜10分鐘即可。

▌ 作法

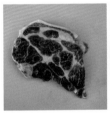

1 2 梅花肉位於豬前腿靠近背的部位，肥瘦均勻適合燉煮，特別注意其頭尾的筋絡分布不同，請挑選筋絡多的梅花頭才適合本道料理！

3 4支蔥切段、1支蔥切蔥花、薑切片、蒜頭去蒂頭、梅花肉切4×4cm大塊備用。

4 鍋內下1大匙油放入梅花肉，以大火煎至兩面上色（每面各2分鐘）。

5 利用鍋內餘油爆香蔥段、薑片及蒜頭。

6 加入水、米酒、調味料以大火煮滾。

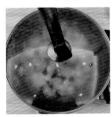

7 加蓋轉小火燉煮20分鐘，時間到取出蔥段與薑片，醬汁跟肉留著備用。

8 燉煮肉的同時將米淘洗乾淨浸泡20分鐘（小知識❷）。

9 將泡好的米瀝乾水分放入電子鍋中。

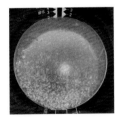

10 加入作法7燉好的醬汁（水位淹過米1cm即可）。

11 放入排骨上蓋炊煮，時間到燜10分鐘（小知識❸、❹）。

12 開蓋下鹽及蔥花翻拌均勻即完成！

番茄荷包蛋燜麵

燜麵的特色就是成品醬汁濃郁且能完整沾附於麵條～這道料理煎過的蛋香氣
十足，在番茄醬汁中煨煮過後風味盡顯，再加上滑順的麵條，以及靈魂烏醋
畫龍點睛，整體吃起來蛋香滿溢、酸香順口，真的大推！

▌ 材料（1人份）

蛋…1 顆
牛番茄…1 顆
麵…100 克
蔥…1 支
蒜頭…4 瓣
水…400cc

調味料

醬油…1 大匙
蠔油…1/2 大匙
糖、白胡椒…1/4 小匙
烏醋…1 大匙（靈魂醬料）

▌ 作法

1 蒜頭切末、蔥切蔥花、牛番茄切小丁備用。

2 鍋內下 1 大匙油，將蛋煎熟取出備用（小知識❶）。

3 利用鍋內煎蛋的餘油，中火爆香蒜末。

4 下番茄丁以大火炒至軟化。

5 下調味料（除了烏醋）拌炒均勻。

6 加入麵條、荷包蛋及水並以大火煮滾。

7 轉小火並蓋上鍋蓋燜煮（小知識❷）。

8 燜煮 10 分鐘後開蓋，確認麵條軟化（小知識❸）。

9 加入烏醋攪拌均勻，最後撒上蔥花即完成！

小知識

❶ 蛋黃有沒有破都沒關係，因最後蛋黃都是熟的，只是差別在散布的方式是集中還是分散。

❷ 燜煮的最後幾分鐘需注意水是否還足夠，若蒸發太多可以每次補水 50cc。

❸ 特別提醒燜麵最後保留一點湯汁才好吃。

course

3

高顏值蛤蜊蒸蛋

這道菜同時吃得到蛤蜊與蛋的鮮味,加上蒸蛋本身口感軟嫩,很適合小朋友跟老人家品嘗～還有不得不稱讚,蒸蛋淋上了醬汁後,除了味道大提升,更讓菜品顏質大躍進,保證一上桌便能吸引全場目光,當作宴客菜也完全沒問題!

材料及調味料（2～3 人份）

蛤蜊…11 顆
蔥…1 支
蛋…2 顆（120 克）
水…240 克（小知識❶、❷）
鹽…1/8 小匙

蒸蛋醬汁

醬油…1.5 大匙
香油…1/2 大匙

小知識

❶可換成雞湯，或是汆燙蛤蜊的水（須等冷卻使用）。
❷水跟蛋的容量比例為2：1，建議可用量杯測量較準。
❸這道菜用淺盤蛤蜊才會浮現，成品也較好看。
❹一定要夾筷子，否則鍋內溫度太高會產生氣孔！
❺若15分鐘蛋液未熟不用擔心，關火蓋上鍋蓋繼續燜2～3分鐘即可。

作法

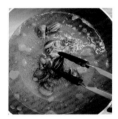
1 蔥切蔥花、蛤蜊吐沙後洗淨備用。

2 將蛋液打散後加水及鹽。

3 用濾網過篩蛋筋。

4 再用湯匙撈去小氣泡備用。

5 蛤蜊放入滾水中煮開。

6 煮開後取出鋪在盤子上，倒入蛋液至蛤蜊2/3 處備用（小知識❸）。

7 起一鍋滾水，放入作法 6。

8 蓋上鍋蓋且於鍋蓋旁夾筷子（小知識❹）。

9 轉小火 15 分鐘蒸至蛋熟透（小知識❺）。

10 開蓋後淋入調好的醬，撒上蔥花即完成！

course 4

電鍋北菇蒸滑雞

這道料理用電鍋製作省時又省力，雞肉鮮嫩且香菇入味，盤底滲出的雞油配飯更是一絕，這味道除了讚嘆還是讚嘆，真的超級好吃～而且重點是還無油煙，煮起來輕鬆寫意無負擔呀！

▋ 材料（3～4人份）

去骨仿土雞腿肉…230 克
乾香菇…8 顆
蔥…1 根（蔥花）
蔥…2 根（蔥白段）

蒜頭…4 瓣（15 克）
老薑…1 塊（10 克）
紅蔥頭…3 瓣（10 克）
玉米粉…1 大匙

調味料

蠔油…1.5 大匙
醬油…1 大匙
米酒…1/2 大匙
鹽…1/4 小匙
白胡椒粉…1/8 小匙

▋ 作法

1 仿土雞腿肉切成 4×4cm 塊狀、乾香菇以冷水泡發 2 小時、1 支蔥切蔥花、2 支蔥只取蔥白切段、蒜頭切末、老薑切絲、紅蔥頭切片備用。

2 泡發乾香菇去蒂頭對切擠乾水分（小知識❶）。

3 處理好的香菇與切塊雞肉放入碗中，加入蔥白段、薑、蒜、紅蔥頭及調味料。

4 抓拌均勻後，下 1 大匙玉米粉再次抓拌均勻（小知識❷）。

5 接著淋入 1 大匙食用油，抓拌均勻醃 30 分鐘備用（小知識❸）。

6 將抓醃好的食材平鋪於盤底（不可重疊確保熟度均勻）。

7 電鍋外鍋 1 杯水蒸至跳起。

8 最後成品撒上蔥花即完成（小知識❹）。

小知識

❶ 乾香菇務必全部擠乾，可用廚房紙巾輔助，否則後續蒸製的時候，大量出水導致醬汁味道變淡！
❷ 玉米粉可用太白粉代替，不可用麵粉、地瓜粉。
❸ 加食用油是避免食材黏住，另，抓醃謹記「乾」這個大原則，絕對不可過多的醬料沉積在碗裡，必須讓食材剛好吸收完，碗底呈現乾爽狀態！
❹ 成品不可太多水，盤底只有雞汁跟油且無過多水分。

電鍋家常滷肉、滷蛋、油豆腐

本食譜捨棄了五花八門的香料，味道相當純粹且美味，非常適合每一位初次接觸滷肉的朋友！還有我想特別分享一個小撇步，如果你覺得你的滷肉總是少一味，強烈建議蔥放多一點（這次食譜用了 12 支），讓它有點轉型成蔥燒風味，這樣保證好吃！

▌材料（5～6人份）

豬五花肉…800克
油豆腐…6塊（300克）
蛋…3顆
蔥…10～12支（蔥多風
味類似蔥燒，極度推薦）
蒜頭…5～6瓣
薑片…2片
米酒…100cc
水…1100cc

調味料（小知識❶）

醬油…300cc
冰糖…1/2大匙
白胡椒粉…1/4小匙

🐘 小知識

❶醬油：（米酒＋水）＝300：1200＝1：4。
❷滷之前請先試試滷汁味道，要比喝湯再鹹一點。
❸滷蛋不可放在滷汁一直加熱，那樣做出來的蛋黃過硬且乾柴，請永遠記得滷東西最重要的核心觀念就是：「三分滷、七分泡」，開火滷只是要把東西煮軟，後續要入味就是得用泡入味，持續加熱不但浪費能源，也得不到你要的效果！

▌作法

① 蔥切長段、蒜頭去蒂頭、薑切片、五花肉切大塊、油豆腐滾水汆燙2分鐘備用。

② ～ ④ 蛋放進冷水中，中火滾煮12分鐘，起鍋後泡冷水（避免繼續熟成），待冷卻後剝殼備用。

⑤ 鍋內下1大匙油，放入五花肉中火煎至兩面焦赤（約2分鐘）起鍋備用。

⑥ 接著放入蔥、薑及蒜頭以中火炒出香味。

⑦ 放回五花肉再倒入米酒，開大火滾煮1分鐘揮發酒精。

⑧ 加入調味料及水以大火煮滾。

⑨ 將肉與油豆腐一同放入電鍋中，電鍋外鍋每次放入2杯水，共計6杯（1.5小時）（小知識❷）。

⑩ 滷至筷子可以將肉輕易穿透即完成！

⑪ 挑掉蔥、薑、蒜（避免發酸），放入水煮蛋浸泡（小知識❸）。

⑫ 待滷汁冷卻，放入冰箱冷藏一晚，隔天加熱後即可食用！

黃金蒜香蘑菇雞

這道料理精髓就是先煉出蒜油，再用蒜油去煸炒蘑菇跟雞胸肉，將每個食材依照熟的速度依序下鍋，便能吃到滿滿蒜香味，還有鮮嫩多汁的雞胸肉與蘑菇，真的是無與倫比的美味！

▍材料（3～4 人份）

雞胸肉…250 克
蘑菇…200 克
蒜頭…40 克
蔥…1 支

雞肉醃料
醬油、米酒…各 1 大匙
香油…1 小匙
白胡椒粉…1/4 小匙
玉米粉…1 小匙

調味料
鹽、黑胡椒…1/4 小匙

▍作法

1 蘑菇對切、蔥切蔥花，雞胸肉切 3×3cm 塊狀，以雞肉醃料醃 10～15 分鐘備用。

2 鍋內下 3 大匙油，冷油放入蒜頭（小知識❶）。

3 中火焗至金黃色（約 5 分鐘）。

4 取出蒜頭放入蘑菇，大火將蘑菇兩面各煎 1 分鐘（小知識❷）。

5 煎至蘑菇上色後下鹽調味。

6 接著再下雞胸肉大火拌炒。

7 炒至雞胸肉熟後，放回黃金蒜並撒上黑胡椒。

8 拌炒均勻後，最後撒上蔥花即完成。

 小知識

❶焗蒜頭須從冷油開始，且溫度不可過高，否則容易焦黑！
❷蘑菇入鍋後不可隨意翻拌，否則無法上色。

照燒虱目魚

虱目魚除了乾煎或是香滷的吃法，這道作法保證驚豔，只需將魚肚煎至恰恰，
再經日式醬汁照燒後，外脆內嫩的口感，魚肉吸飽醬汁簡直無敵！

▌ 材料（1～2 人份）

虱目魚肚…1 片
白芝麻…1/2 小匙

虱目魚醃料
米酒…1 大匙
鹽…1/4 小匙

調味料
醬油、味醂、米酒…各 2 大匙

▌ 作法

1 虱目魚以虱目魚醃料抓醃 5～10 分鐘備用（小知識❶）。

2 冷鍋放入 1 小匙油，魚肚面朝下放入。

3 接著以中火將魚肚煎至上色翻面（約 4～5 分鐘）（小知識❷）。

4 瀝掉多餘的魚油，接著倒入照燒醬汁，大火煮滾轉中小火，過程中可將醬汁不斷潑淋至魚肚面（幫助入味）。

5 最後收汁至濃稠，成品撒上白芝麻即完成！

❶ 抓醃只是去腥跟給底味，後面還有照燒汁調味，所以鹽不須要下太重。
❷ 煎的時候容易噴油，可蓋鍋蓋避免燙到。

course 8

黑胡椒奶油杏鮑菇

這道菜重點就是把杏鮑菇煎得略為上色,不僅賣相美觀,更能透過此步驟把水分去除,這樣菇才會吃起來味道更濃縮美味唷!成品的杏鮑菇 Q 彈,伴隨著黑胡椒奶油的蒜香味,光聞那香氣就流口水啦!

▌材料（1～2 人份）

杏鮑菇…200 克（3 根）　奶油…10 克（有鹽、無鹽都可）　**調味料**

蒜頭…5 瓣　　　　　　米酒…1 大匙　　　　　　　　　鹽及黑胡椒…1/4 小匙

蔥…1 支

▌作法

[1] 杏鮑菇切滾刀塊、蒜頭切末、蔥切蔥花備用。

[2] 鍋內下 1.5 大匙油放入杏鮑菇。

[3] 大火煎至兩面上色（每面約 1 分鐘）。

[4] 上色後放入奶油跟蒜末中火爆香。

[5] 待飄香後下米酒大火滾煮 10～15 秒揮發酒氣。

[6]～[7] 下鹽及黑胡椒，拌炒均勻後下蔥花，再次拌炒均勻後即完成！

川菜黑嚕嚕

這道料理是許多網友爭相跟著做的大熱門料理，濃郁的皮蛋遇上了鹹香的肉燥，不但層次拉滿，拌麵或是拌飯都是一絕，材料簡單成品好吃又下飯，不試做看看一定會後悔！

▌材料（3〜4人份）

豬梅花絞肉…300 克
皮蛋…3 顆（150 克）
蒜頭…5 瓣
蔥…2 支
米酒…3 大匙

調味料

醬油、蠔油…各 1.5 大匙
白胡椒粉…1/4 小匙

▌作法

1 蔥切蔥花、蒜頭切末、
皮蛋用湯匙絞碎備用（小知識
❶）。

2 鍋內下 1 大匙油，以大火
將絞肉炒香。

3 接著大火爆香蒜末。

4 飄香後下米酒及調味料，
大火拌炒至肉末上色。

5 加入皮蛋大火拌炒均勻。

6 起鍋前下蔥花拌炒均勻即
完成！

小知識

❶皮蛋放碗裡用湯匙絞碎就好，不須要拿到砧板切徒增麻煩！

紅蘿蔔滑蛋

這道菜的一大重點，就是紅蘿蔔絲必須用手切，那口感真的遠勝用刨絲器處理的。另外就是炒紅蘿蔔的時候，一定要炒透把甜味炒出來，如果炒個幾下就加水用煮，那風味實在差太多了！記住這兩個重點，人人都能炒出一盤美味的紅蘿蔔滑蛋！

▌材料（2人份）

紅蘿蔔…1/2 根（100 克）
蛋…3 顆
蔥…1/2 支
蒜頭…3 瓣

調味料
鹽…1/4 小匙

▌作法

① 蛋打散、紅蘿蔔切絲、蒜頭切末、蔥切蔥花備用。

② 紅蘿蔔切絲最重要的關鍵就是先切出薄片。

③ 切出薄片後，才有辦法切出細絲（小知識❶）。

④ 鍋內下 1 大匙油，加入紅蘿蔔絲及鹽（小知識❷）。

⑤ 中火拌炒 3 分鐘至軟，接著下蒜末炒香。

⑥ 下蛋液大火加熱至周圍起裙邊。

⑦ 關火拌炒至蛋液不再流動。

⑧ 最後撒上蔥花即完成！

小知識

❶ 紅蘿蔔絲必須用手切的，那口感清脆程度遠勝用刨絲器處理的！
❷ 先下鹽可幫助紅蘿蔔絲快速軟化出水。

不開瓦斯也能煮
氣炸鍋料理華麗上桌

牛、豬、雞肉篇

蔥鹽氣炸牛小排

好的牛排吃起來應該要外酥裡嫩，一般用平底鍋煎才能有的焦脆感，現在用氣炸鍋也辦得到！小撇步就是牛排不須回溫，減緩溫度透到中心點的速度，如此外層便有時間可以完美上色，而裡面又不會過熟喔！

▌ 材料（1 人份）

牛小排…200 克（2cm 厚）
三星蔥…5 支（切細蔥花後重 180 克）

牛小排調味料
鹽及黑胡椒…各 1/4 小匙

蔥鹽調味料
鹽…2 克
黑胡椒…1.5 克
食用油…25 克（小知識❶）
日式胡麻油…25 克

▌ 作法

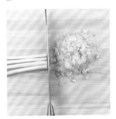

1 蔥去除根部切細蔥花（小知識❷）。

2 接著浸泡用水冷藏 1 小時備用（小知識❸）。

3 冷藏完畢將蔥花瀝乾水分。

4 再用廚房紙巾吸乾水分（小知識❹）。

5 最後將處理好的蔥與調味料攪拌均勻，冷藏靜置 1～2 小時更入味（小知識❺）。

6 冷凍牛小排放冷藏退冰至軟化（約 1 天），取出後撒鹽及黑胡椒。

7 無須回溫直接放氣炸鍋，以攝氏 200 度氣炸 8 分鐘（小知識❻）。

8 取出靜置 3～5 分鐘。

9 最後切適口大小即完成！

小知識

❶ 食用油可挑選無色無味的玄米油、沙拉油等，其目的是中和胡麻油，避免胡麻油過多導致成品略苦。
❷ 蔥花切細成品口感才會好。
❸ 泡飲用水冷藏可有效去除辛辣味，成品更甜。
❹ 水分必須盡量去除，才不會影響成品味道。
❺ 蔥鹽冷藏保存，賞味期限為3天。
❻ 牛排不須回溫，以冷藏的狀態去烤，才能減緩溫度透到中心點的速度，如此外層便有時間可以完美上色，而裡面又不會過熟喔！

牛肉類

醬烤牛肋條

牛肋條一直是我覺得 CP 值很高的部位，其價格與肋眼、菲力、紐約克等比起來，算是經濟又實惠，加上肉汁鮮甜、油脂豐厚，還可燉可煎可烤，真的超級萬用！要烤的肋條只要記得劃刀斷筋，就不會很難咬囉～總之它的好處多到說不完，歡迎大家嘗試看看！

▌ 材料（2～3人份）

牛肋條⋯400 克
白芝麻⋯1/2 小匙

調味料

醬油、味醂、米酒⋯各 2 大匙
蒜泥⋯10 克
日式或韓式芝麻油⋯5 克
黑胡椒⋯1 克

▌ 作法

1 2 牛肋條兩面斜切劃刀斷筋（小知識❶）。

3 必須劃刀至肉的 1/2 處。

4 將調味料混合醃 30 分鐘。

5 牛肋條不重疊放入氣炸鍋，攝氏 200 度氣炸 8 分鐘。

6 成品應該要表面上色且酥脆，最後撒上白芝麻即完成！

 小知識

❶劃太淺在烤的過程中容易再度密合，前功盡棄！

牛肉類

泰式風味烤松阪

這道料理作法簡單味道卻超乎想像，鹹鹹甜甜的松阪豬，配搭上泰式風味的醬汁，只須嚐一口便停不下來，而且冷吃、熱吃都好吃，當前菜或主餐也都適合，是一道非常百搭的萬用料理！

▌ 材料（2～3 人份）

松阪豬…300 克

松阪豬醃料（小知識❶）
魚露…1 大匙
醬油、蠔油、糖…各 1/2 大匙
米酒…1 大匙
白胡椒粉…1/4 小匙

泰式醬汁
糖…15 克
香菜…7 克（1 小把）
檸檬汁…45 克（1 顆）
魚露…15 克
小辣椒…3 克（1 根）
紅蔥頭…10 克（2 顆）

▌ 作法

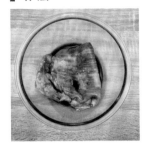

1 松阪豬與醃料混合均勻，醃 1 小時至入味備用。

2 以攝氏 180 度氣炸 15 分鐘。

3 取出靜置 5 分鐘。

4 將松阪豬斜切薄片備用。

5 6 將泰式醬汁材料混合均勻，搭配上松阪豬即完成！

豬肉類

❶調味料都有一定鹹度，不要一股腦加太多避免太鹹。

小豬蓋棉被（德式香腸酥皮捲）

這道料理真的是特別地簡單又美味，很適合做來當早餐或是下午茶小點心，本食譜不但要分享怎麼製作外，也會分享如何捲得比別人好看～在顏值上略施小技，輕取家人的芳心唷！

▌ 材料（4 人份）

德國香腸…4 條
市售酥皮片…4 片（超市皆有賣）
蛋…1 顆

▌ 作法

1 蛋打散，其他材料如圖。

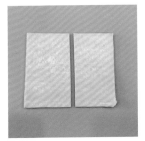

2 將酥皮對切。

3 取半片沿對角線對切。

4 德國香腸須切得比酥皮略長一點，成品才好看。

5 將酥皮捲起。

6 尾部刷上蛋液。

7 輕壓幫助黏合。

8 正反面皆刷上蛋液，烤出來的顏色才會金燦。

9 以攝氏 180 度氣炸 12 分鐘即完成！

豬肉類

豬肉卷盛合（基本款）：青蔥、金針菇

這道料理材料好取得且製作簡單，青蔥與金針菇是基本款，更可以用玉米筍、剝皮辣椒等自己喜歡的蔬菜替換唷！

▌ 材料（1～2人份）

豬五花火鍋肉片…6片
青蔥…2支
金針菇…1/3包（約60克）

調味料

醬油、味醂、米酒…各1大匙
七味粉…1小匙

▌ 作法

① 以青蔥測量豬五花寬度。

② 將青蔥切得比豬五花長一些，成品較好看。

③ 將蔥白及蔥綠疊起。

④ 壓緊捲起備用。

⑤ 以金針菇測量豬五花寬度。

⑥ 將金針菇切得比豬五花長一些，成品較好看！

⑦ 將金針菇疊起。

⑧ 壓緊捲起備用。

⑨ 調味料混合好，刷在豬肉捲上。

⑩ 以攝氏200度氣炸10分鐘即完成（成品可撒上七味粉更對味）！

豬肉類

豬肉卷盛合（進階款）：萵苣、卡門貝爾乳酪

這道料理是日本知名燒烤店的菜，一款是可以吃到多汁清脆的萵苣，另外一款則是可以吃到濃郁的卡門貝爾乳酪，這兩個食材搭配豬五花，都有讓人意想不到的效果，非常推薦大家嘗試看看唷！

材料（1～2人份）

豬五花火鍋肉片…7 片
卡門貝爾乳酪…3 小塊（30 克）
萵苣…3～4 大片

調味料

醬油、味醂、米酒…各 1 大匙
七味粉…1 小匙

小知識

❶萵苣一定要綁得很緊，
成品才會好看！

作法

1️⃣ 將 4 片豬五花肉片鋪平。

2️⃣ 取 3～4 片萵苣壓扁。

3️⃣ 用力將萵苣捲起來（小知識❶）。

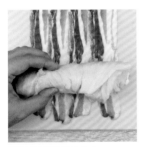

4️⃣ 放在豬五花肉片上。

5️⃣ 將豬五花順勢捲起。

6️⃣ 用竹叉固定避免散開備用。

7️⃣ 卡門貝爾乳酪全聯有販售，其鹹度適中奶香濃郁。

8️⃣ 將乳酪切片。

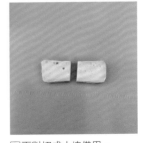

9️⃣ 再對切成小塊備用。

豬肉類

59

10 將乳酪放在豬五花肉片上。

11 將豬五花順勢捲起。

12 三個為一串串起來。

13 將調味料混合均勻,並均勻刷在肉捲上,以攝氏200度氣炸10分鐘。

14 成品狀態應為上色且酥脆。

15 萵苣捲切開再後拔掉竹叉即完成(成品可撒上七味粉更對味)!

course
17

豬肉卷盛合（水果篇）：
水梨、綠葡萄、小番茄

充滿油脂的豬五花肉片搭配上各式水果，烤過之後水果甜度大增，吃起來超爽口，咬下去還會大爆汁！十分推薦嘗試看看！

材料（1～2人份）

豬五花火鍋肉片…6 片
小番茄…2 顆
水梨…2 小塊
無籽綠葡萄…2 顆

調味料
醬油、味醂、米酒…各 1 大匙
七味粉…1 小匙

作法

1 將三種水果以豬五花肉片捲起備用。

2 將調味料混合均勻，並均勻刷在肉捲上。

3 以攝氏 200 度氣炸 10 分鐘即完成（成品可撒上七味粉更對味）！

豬肉類

course 18

日式炸豬排

一般氣炸豬排很常因為要把外層弄到酥脆,而使裡面的肉過柴,本篇先將麵包粉炒成金黃酥脆,便輕鬆解決這個問題!這道成品外酥內嫩,吃起來跟油炸得幾乎無異,不特別說這是氣炸根本沒人會發現唷!

▌材料（1人份）

厚片大里肌肉…1 片（220 克）
麵粉…100 克
蛋…1 顆
水…10cc
麵包粉…100 克

調味料

鹽及黑胡椒…各 1/4 小匙

小知識

❶ 大里肌肉是製作豬排常用的部位，
其肉質扎實必須透過物理斷筋的方
式，成品口感才會好！

❷ 麵包粉先炒至金黃，後續烤的時
候，不用為了等麵包粉上色，使豬
排過度加熱導致變柴！

▌作法

1 以刀尖戳刺整片豬排
斷筋。

2 接著切斷白色的筋膜
（小知識❶）。

3 以鹽及黑胡椒醃
10～15 分鐘備用。

4 麵包粉放入鍋中，以
中火翻炒。

5 炒至金黃酥脆取出備
用（約 5 分鐘）（小知識
❷）。

6 豬排兩面裹上麵粉。

7 蛋液打散加入水（更
好與麵粉黏著），放入
豬排兩面裹上蛋液。

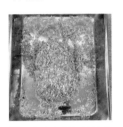

8 兩面裹上麵包粉並按
壓緊實防脫落。

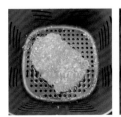

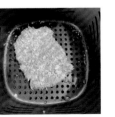

9 10 豬排兩面噴油，以攝氏180度氣炸12分鐘。

11 烤至外層酥脆，取出
切片即完成，成品搭配
檸檬及豬排醬更對味！

豬肉類

台式排骨酥

這道料理夜市相當常見,現在在家不起油鍋一樣能輕鬆完成!成品風味濃郁且涮嘴,相當美味!

▌材料（2 人份）

豬小排…250 克
地瓜粉…100 ～ 150 克

豬小排醃料
蒜泥…5 克
薑泥…2 克
醬油、米酒…各 1 大匙

玉米粉…1 小匙
蛋…1/2 顆
鹽、糖、香油…各 1/4 小匙
五香粉、白胡椒粉…各 1/8 小匙

▌作法

1 豬小排以醃料醃漬 30 分鐘備用。

2 均勻裹上地瓜粉，靜置 3 分鐘等待反潮（小知識❶）。

3 4 將豬小排放入氣炸鍋，表面噴油以攝氏 200 度氣炸 13 分鐘即完成（成品可撒上生蒜更對味）。

 小知識

❶指食材上的醃料滲出地瓜粉，使地瓜粉轉為淡淡的醬色並帶點溼氣，如此在炸的時候比較不易掉粉。

豬肉類

客家鹹豬肉

這道料理是客家經典，其實醃法也特別簡單，只要抓對鹽量使鹹度適中，再搭配簡單的辛香料，醃 2 天後送去氣炸，成品夠味且酥脆好吃！

■ 材料（3～4人份）

去皮五花肉…540 克（小知識❶）
蒜頭…10 克
米酒…60cc

調味料

海鹽…10.8 克（小知識❷）
黑胡椒粗粒…2 大匙
甘草粉…1/4 小匙
白胡椒粉…1/4 小匙

■ 作法

1 2 將五花肉以蒜頭、米酒及調味料抓醃均勻。

3 放入盒中冷藏醃漬 1 天（小知識❸）。

4 撥掉鹹豬肉上的蒜頭，以攝氏 160 度氣炸 20 分鐘。

5 轉攝氏 200 度氣炸 3 分鐘，烤至上色且酥脆即完成！

6 放涼後切片即完成！

 小知識

❶帶皮五花肉烤完皮會太硬很難咬！
❷鹽量抓肉的2%鹹度剛好。
❸冷藏醃漬請蓋上盒蓋或保鮮膜，避免表面乾掉。

豬肉類

course
21

日式居酒屋風烤雞翅

這道料理真的太好吃了！烤得焦香的雞皮，雞翅的骨肉之間，充滿肉汁還有濃濃日式風味，再撒上一點七味粉，在家真的就可以開居酒屋啦！

■ 材料（1～2人份）

雞翅…6 支
白芝麻…1/2 小匙

雞翅醃料

醬油、味醂、米酒…各 2 大匙
蒜泥…10 克
日式芝麻油…5 克
黑胡椒…1 克

調味料

七味粉…1 小匙

■ 作法

1 雞翅肉面以叉子戳刺幫助入味。

2 以雞翅醃料醃 1 小時備用。

3 以攝氏 180 度氣炸 10 分鐘。

4 開蓋後刷上剩下的雞翅醃料。

5 以攝氏 200 度氣炸 3 分鐘（小知識❶）。

6 開蓋後撒上白芝麻，盛盤後撒上七味粉即完成！

雞肉類

小知識

❶第一次氣炸是為了先將雞翅烤熟，第二次氣炸調高溫度，是為了更漂亮地上色！

台式五香翅小腿

味道像是排骨酥，濃郁的台式風味，那烤得金黃上色的外皮，讓人看了忍不住食指大動，快來試試看吧！

材料（1～2人份）

雞翅根…7 支

雞翅醃料
醬油…15cc
米酒…5cc
蒜泥…5 克
薑泥…1 克

糖、香油…各 1/2 小匙
鹽、五香粉…1/4 小匙
白、黑胡椒粉…1/8 小匙
蛋…1/2 顆

作法

1 雞翅根用叉子戳洞幫助後續入味。

2 將雞翅根與調味料抓拌均勻醃漬 1 小時備用。

3 4 先以攝氏 180 度氣炸 10 分鐘，再轉攝氏 200 度氣炸 3～4 分鐘，烤至表面上色即完成！（小知識❶）

小知識

❶第一次氣炸是為了先將雞翅烤熟，第二次氣炸調高溫度，是為了更漂亮地上色！

雞肉類

蜜汁烤雞翅

裹著蜜糖的紅潤外衣，一口咬下肉汁超豐沛，再淋上一點檸檬簡直太絕了！
這道料理任誰看了都會無法控制地流下口水，端上桌絕對秒殺的啦！

▌ 材料（2～3 人份）

雞翅中…10 根
水及蜂蜜…各 1 大匙
白芝麻…1/2 小匙

雞翅醃料

蒜泥…3 克
醬油…1 大匙
蠔油…1/2 大匙
米酒…1/2 大匙
糖…1/4 小匙
鹽、白胡椒粉…1/8 小匙

▌ 作法

① 雞翅中用叉子戳洞幫助後續入味。

② 將雞翅中與調味料抓拌均勻醃漬 1 小時備用。

③ 蜂蜜跟水預先混合攪拌成液態。

④ 氣炸鍋攝氏 180 度 10 分。

⑤ 開蓋刷上蜂蜜水（小知識①）。

⑥ 接著再以攝氏 200 度 3～4 分鐘，烤至表面上色即完成！（成品可撒上白芝麻做裝飾）

小知識

❶ 蜂蜜水是蜜汁的來源，更是完美上色的關鍵！

雞肉類

檸檬雞柳條

酥脆的外殼、清香的檸檬、簡單的調味,一道偽炸物料理就這樣輕鬆完成,
吃起來毫無負擔又美味,非常值得試試!

▋ 材料（2～3 人份）

雞里肌肉…8 條
麵包粉…100 克
低筋麵粉…100 克
蛋…1 顆
水…10cc

雞柳條醃料
檸檬汁…30cc
鹽、糖…各 1/4 小匙
白胡椒粉…1/8 小匙

調味料（胡椒鹽）
鹽及白胡椒粉…各 1/4 小匙

小知識

❶對此步驟有障礙者，可以用雞胸肉切長條代替。

❷此步驟不要醃太久，因檸檬會軟化肉質，醃太久肉會太爛。

❸麵包粉炒過更金黃，後續烤的時候，不用為了等麵包粉上色，使雞柳條過度加熱導致變柴！

▋ 作法

1 雞柳條與白色筋膜先往外劃一刀。

2 抓住白色筋膜並拉緊，刀順著筋膜方向往前劃，即可取下白色筋膜（小知識❶）。

3 將雞柳條與雞柳條醃料混合醃 10 分鐘（小知識❷）。

4 冷鍋放入麵包粉。

5 炒至金黃後取出（小知識❸）。

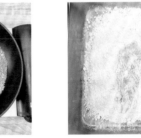
6 雞柳條均勻裹上麵粉，可稍微按壓使其更緊密貼合。

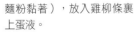
7 蛋液打散加入水（更好與麵粉黏著），放入雞柳條裹上蛋液。

8 雞柳條均勻裹上麵包粉，並按壓緊實防脫落。

9 噴油以攝氏 180 度氣炸 12 分鐘，起鍋後撒胡椒鹽即完成！

雞肉類

香辣烤雞心

這道料理是我每次去燒烤店必拿的串串，烤至多汁軟嫩的雞心，再與特製醬料相結合，香香辣辣真的超級涮嘴，喜歡雞心的朋友一定會愛慘！而且外面買一串都很貴，在家自己做方便又便宜，非常值得一試唷！

▌材料（2～3 人份）

雞心…（300 克）（小知識❶）
白芝麻…1/2 小匙

雞心醃料

醬油…2 大匙
米酒…1 大匙
香油…1/2 大匙
蒜泥…1/2 大匙
糖、白胡椒粉…1/4 小匙
鹽…1/8 小匙

調味料

七味粉…1 小匙

小知識

❶傳統市場雞肉攤一定有賣，本食譜成功後可以進階挑戰烤鴨心喔！
❷竹籤泡水可避免後續烤焦發黑。
❸家裡有香辣粉或七味粉，可以撒上一些提味，香辣口味的雞心，風味更上一層樓！

▌作法

1 雞心外觀圖。

3 雞心切至 1/2 深。

4 雞心中有著黑色的血塊，此為腥味來源。

5 以流水沖洗掉血塊。

6 接著以雞心醃料醃 1 小時備用。

7 竹籤泡水備用（小知識❷）。

8 將雞心全部串起。

9 氣炸攝氏 200 度 10 分鐘，起鍋後撒白芝麻即完成（小知識❸）！

雞肉類

起司鑲雞翅

透過這道料理可以學習到如何將雞翅去骨，本食譜填入的是奶香味十足的起司，亦可改成泡菜、明太子或是炒飯，包進去之後一口咬下，保證肉香四溢且美味加倍唷！

▋ 材料（1～2人份）

雞兩節翅…7 根
莫札瑞拉披薩起司…105 克
白芝麻、七味粉…各 1/2 小匙

雞翅醃料

醬油、米酒、味醂…各 2 大匙
黑胡椒…1/4 小匙

小知識

❶ 剪的時候小心不要剪破雞皮！
❷ 不停轉動骨頭即可輕鬆扭斷。
❸ 起司不可填太滿，因為烤的時候雞
　肉會縮，若起司太多成品會爆開！

▋ 作法

1 找出雞翅的骨頭連接處。

2 用剪刀從中間剪開。

3 沿著周圍剪一圈至露出骨頭。

4 將雞肉沿著骨頭方向用力下拉。

5 拉不下去時，可用剪刀將骨肉連結處剪開，幫助順利下拉（小知識❶）。

6 下拉至關節處扭斷較細的骨頭（小知識❷）。

7 接著再扭斷較粗的骨頭。

8 將所有的雞翅按上述方法全部去骨。

9 以雞翅醃料醃 15 分鐘備用。

10 填入起司至 7～8 分滿（小知識❸）。

11 以攝氏 200 度氣炸 10 分鐘，最後撒上白芝麻及七味粉即完成！

雞肉類

不開瓦斯也能煮
氣炸鍋料理華麗上桌

海鮮、蛋豆蔬菜類、簡易甜點篇

法式檸檬紙包魚

這道菜顏值相當高,而且味道清爽美味,端上桌大家看了開心吃了更開心,
不須要任何技巧,喜歡的魚、蔬菜、調味料包起來就完成囉!有機會不妨來
試試看吧!

▌ 材料（2 人份）（小知識❶）

輪切鮭魚…1 片
洋蔥…1/2 顆
蒜頭…6 瓣
小番茄…6 顆
橄欖油…2 大匙
黃檸檬…1 顆
百里香…2～3 支
歐芹…2～3 支

鮭魚醃料
白酒…2 大匙（可用米酒代替）
鹽…1/4 小匙
白胡椒粉…1/8 小匙

調味料
鹽…1/4 小匙
黑胡椒…1/4 小匙

小知識

❶無歐芹與百里香者，可以用義大利綜合香料粉代替即可。

❷若用綠檸檬不可一起進去烘烤，否則成品會發苦，可以待魚烤好再擠入即可！

▌ 作法

1 鮭魚拔刺後，對切去掉中間骨頭，以鮭魚醃料抓醃備用；洋蔥逆紋切絲、蒜頭切末、黃檸檬切片、小番茄攔腰對切、歐芹取葉子部分切碎備用。

2 桌上鋪烘焙紙，先以洋蔥打底，接著鋪上鮭魚、小番茄及蒜末，再撒上鹽及黑胡椒調味。

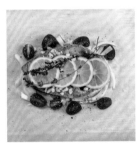

3 再來放上黃檸檬（小知識❷）及百里香並淋上橄欖油。

4 5 將魚用烘焙紙包起來，兩邊捲好確保不會漏（如圖）。

6 以攝氏 200 度氣炸 12～14 分鐘。

7 8 最後置於盤中，打開並撒上歐芹碎點綴即完成！

28 蒜香紙包海鮮

這道料理使用紙包的方式呈現，海鮮半烤半蒸保留原汁原味，風味一點也不會流失，拿來配義大利麵或是沾麵包都很棒！

▌ 材料（1～2 人份）

蝦仁⋯6～8 隻（依家境增減）
透抽⋯1 隻
蛤蜊⋯6 顆
洋蔥⋯1/4 顆
蒜頭⋯6 瓣
小番茄⋯5 顆
檸檬⋯1/2 顆
橄欖油⋯50cc

蝦仁醃料

白酒⋯1 大匙（可用米酒代替）
鹽⋯1/4 小匙
白胡椒粉⋯1/8 小匙

透抽醃料

白酒⋯1 大匙（可用米酒代替）
鹽⋯1/4 小匙
白胡椒粉⋯1/8 小匙

▌ 作法

1 洋蔥逆紋切絲、小番茄攔腰對切、蒜頭切末、檸檬切塊、蝦仁去腸泥、透抽切圈分別以醃料抓醃 10 分鐘、蛤蜊泡鹽水吐沙 1 小時取出洗淨備用。

2 烘焙紙放上洋蔥打底。

3 再鋪上蝦仁、透抽、蛤蜊、小番茄。

4 最後撒上蒜末及淋上橄欖油。

5 將食材用烘焙紙包起來，側邊捲好確保不會漏（如圖）。

6 以攝氏 200 度氣炸 18 分鐘（小知識❶）。

7 8 起鍋後取出放在盤子上，最後拆開放入檸檬塊即完成！

小知識

❶依據放的料不同，時間會有所改變，蛤蜊多可以設定20分鐘。

海鮮類

奶油蘑菇釀蝦滑

這是道讓人超驚豔的料理，無須任何調味，單純靠著鮮美的蘑菇，搭配花枝蝦仁漿就超級好吃，另外包在蘑菇裡的奶油，更是讓菜品提升風味的小心機！一口咬下大爆汁好吃到不行，快來試試看吧！

▌材料（1～2 人份）

蘑菇…200 克（挑大一點的賣相好看）
花枝蝦仁漿…1 條（150 克）
黑胡椒…1/8 小匙
奶油…20 克

▌作法

1 奶油放置軟化、花枝蝦仁漿提前冷藏解凍備用。

2 蘑菇拔去蒂頭備用。

3 將奶油填入蘑菇中。

4 外層均勻裹上花枝蝦仁漿（小知識❶）。

5 撒上黑胡椒並噴上橄欖油，以攝氏 200 度氣炸 10 分鐘。

6 見花枝漿上色即完成！

小知識

❶可用奶油抹刀輔助，避免手黏得到處都是！

海鮮類

急速鹽焗蝦

想吃鮮甜的蝦子不再只有清燙這個選擇了，蝦子用鹽焗的方式能將蝦子的甜味完全釋放，味道真的相當好～學會這個做法保證再也回不去了！

▋ 材料（1～2人份）

蝦子…8隻（依家境增減）
鹽…100～150克（小知識❶）
檸檬…1/4顆

▋ 作法

① 鋁箔紙鋪滿烤網。

② 用鹽將底部鋪滿。

③ 放入蝦子。

④ 以攝氏200度氣炸4分鐘即完成！

⑤ 成品搭配檸檬汁更對味！

小知識

❶任何鹽都可以，分量請以能鋪滿鋁箔紙為原則。

海鮮類

course 31 味噌烤鱈魚

這道料理是我到日本家庭料理店很愛點的一道菜，味噌可以完美引出魚肉的鮮甜，整體調味吃起來鹹鹹甜甜，超級下飯！

▌材料（1～2人份）

鱈魚…1片（300克）

鱈魚醃料

味噌…2大匙（小知識❶）
醬油…1大匙
味醂…1大匙
米酒…1大匙
鹽、糖…1/4小匙

🐘 小知識

❶超市看到的淡色味噌皆可。用於本道料理，導讀亦有推薦味噌樣式。

❷因為調味料中有味噌，若沒有洗掉的話，烘烤過程容易發黑。

❸魚洗掉醃料後必須擦乾水分，這樣魚才會烤得香！

▌作法

① 鱈魚吸乾水分。

② 加入醃料醃漬1晚備用。

③ 將醃好的鱈魚取出洗淨並再次擦乾（小知識❷、❸）。

④ 以攝氏200度氣炸10分鐘即完成！

32 檸香烤鯖魚

說到這個鯖魚算是我去日式家庭料理店很常點的一道主餐，喜歡那烤至酥脆的外皮、皮下肥厚的油脂以及鮮美的魚肉，淋上一點檸檬汁及撒上椒鹽，配上白飯簡直人間絕妙美味呀！

材料（1人份）

挪威鯖魚…1 片
檸檬…1/2 顆

鯖魚醃料
鹽…1/4 小匙

調味料（胡椒鹽）
鹽、白胡椒…各 1/4 小匙

小知識

❶ 劃刀輕輕劃開皮面就好，不要太用力切到太多肉。
❷ 斜刀需間隔開一點，否則成品很醜。
❸ 劃刀是避免烤的時候皮開肉綻，亦能幫助醃料深入至魚肉。

作法

1 鯖魚以廚房紙巾吸乾水分。

2 鯖魚皮面劃斜刀（小知識❶、❷、❸）。

3 接著沿著上個步驟的刀痕垂直劃一刀，接著兩面均勻撒鹽並塗抹均勻。

4 以攝氏 200 度氣炸 10 分鐘，取出放上檸檬即完成！

1海鮮類

PART 4　不開瓦斯也能煮氣炸鍋料理華麗上桌——海鮮、蛋豆蔬菜類、簡易甜點篇

起司海鮮吐司披薩

這道料理絕對是下午茶或是消夜好朋友，應該沒有比這更簡單的懶人披薩了吧！酥脆的吐司、濃郁的蒜香及美味的海鮮，將其全部用起司包裹起來，一口咬下什麼話都不用說～我想幸福兩字就是這樣寫的吧！

▌材料（1人份）

吐司…1 片
蝦仁…4 隻（依家境增減）
切圈的透抽…4 個
干貝…3 顆
蒜頭…5 瓣
披薩用起司…60 克
（選用莫札瑞拉起司或雙色起司都可以）

海鮮醃料

鹽…1/4 小匙

調味料

番茄醬…2 大匙
黑胡椒…1/2 小匙

▌作法

1 蒜頭切末、蝦仁去腸泥、透抽切圈及干貝對切，接著加鹽抓醃 5 分鐘備用。

2 鍋內下 1 大匙油，以中火爆香蒜末。

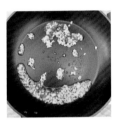

3 下海鮮料炒熟備用（小知識❶）。

4 將吐司塗滿番茄醬（小知識❷）。

5 鋪上炒熟的海鮮料及撒上黑胡椒。

6 最後撒滿起司，記得邊角處都要撒到，成品才不會缺一角。

7 以攝氏 200 度氣炸 4 分鐘，見起司上色即完成！

小知識

❶海鮮料務必炒熟炒乾，否則烤的時候會出水，導致成品太溼唷！
❷番茄醬一定要塗抹，其不僅是主味道來源，更是個防水層能區隔海鮮與吐司，避免海鮮出水導致吐司溼潤！

海鮮類

培根蝦串串佐蒜味美乃滋

培根蝦串串是道居酒屋常見的料理，但本食譜將其昇華，運用帶有檸檬清香的蒜味美乃滋，簡直將味道提升到不同的層次，真的非常好吃，學會這道獨門暗器，就可以用氣炸鍋變出眾人都訝異的神級料理囉！

▌材料（1～2人份）

草蝦…5 隻（依家境增減）
薄培根…5 片（比較好捲）

調味料

黑胡椒…1/4 小匙

沾醬

桂冠沙拉醬…100 克
蒜泥…10 克
檸檬汁…20 克

▌作法

1 將蝦頭與蝦殼剝掉，留下蝦尾備用。

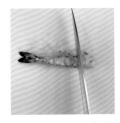
2 將蝦的腹部每隔 1cm 切 1 刀（小知識❶）。

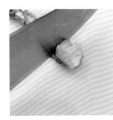
3 刀深約 1/3 處，切勿切斷。

4 將蝦子按壓貼平砧板。

5 從尾部串上竹籤。

6～8 培根打底，將蝦放上去捲起。

9 培根蝦串撒上黑胡椒，以攝氏 200 度氣炸 10 分鐘即完成！

10 將沙拉醬、蒜泥及檸檬汁混合均勻即成沾醬。

小知識

❶此步驟可把蝦子拉長，並使蝦子烤的時候不捲曲，完全貼合在竹籤上。

海鮮類

揚出豆腐

揚出豆腐,「揚」是油炸的意思,「出」則是出汁,湯汁的意思,這道料理用白話理解,就是把油炸後的豆腐泡在湯汁裡!這道料理遠近馳名,熱燙酥脆的豆腐沾上柴魚汁,一口咬下那飽嘴的口感,還有濃濃的和風味,真的超好吃!

▍材料（2～3人份）

雞蛋豆腐…1盒
麵粉…（低、中、高筋均可）100克
蛋…1顆
水…10cc
麵包粉…100克
白蘿蔔…100克
海苔絲（成品裝飾用，無者可省）…5克

調味料

水…150cc
醬油…2大匙
味醂…2大匙
鰹魚粉…1/4小匙

▍作法

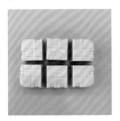

1. 雞蛋豆腐擦乾水分後平均切塊。

2. 雞蛋豆腐均勻裹上麵粉，可稍微按壓使其更緊密貼合。

3. 雞蛋豆腐均勻裹上蛋液（小知識❶）。

4. 雞蛋豆腐均勻裹上麵包粉，並按壓緊實防脫落。

5. 豆腐表面均勻噴油（小知識❷），以攝氏180度氣炸15分鐘。

6. 至表面金黃酥脆取出。

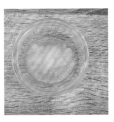

7.8. 將白蘿蔔磨成泥，過濾掉水分成蘿蔔泥備用。

9. 將調味料放入鍋中，中火煮滾備用。

10. 將豆腐鋪上白蘿蔔泥，側面淋入醬汁，最後再撒上海苔絲即完成！

小知識

❶ 蛋液可加10cc水打散，如此便能更好沾裹上麵粉。

❷ 這道料理因為豆腐裹上了麵包粉，所以需要噴油才能達到表面酥脆，這點要特別注意唷！

course
36

厚切爆汁櫛瓜

這道料理一定要跟大家強力推薦，這是 2022 年度 IG 最多人做的菜沒有之一！不得不說，厚切的櫛瓜先煎後烤，絕對是天花板吃法，成品既有口感還會大爆汁，再來上一點巴薩米克醋提味，彷彿置身餐酒館中～您真的務必一試！

▌ **材料**（1～2人份）

櫛瓜…1根

調味料

鹽…1/2小匙
巴薩米克醋…10～15cc（無者可省）

▌ **作法**

1 櫛瓜應挑選具光澤感、無明顯外傷、蒂頭不乾枯、按壓不會軟爛的。

2 3 櫛瓜洗淨去蒂頭，平均切分成2cm厚度備用（可用小拇指指節測量）。

4 鍋內下1大匙油放入櫛瓜。

5 大火將兩面煎至表面金黃（每面約1.5分鐘），撒鹽調味。

6 以攝氏180度氣炸8分鐘，烤至櫛瓜用筷子可輕易穿透即完成！

酥脆洋蔥圈

這道料理深受小朋友喜愛，食材非常簡單只需要洋蔥即可，烤出來之後外層酥脆且鮮甜多汁，保證一吃成主顧！

▋ 材料（1～2 人份）

洋蔥…1/2 顆
麵包粉…80 克
低筋麵粉…80 克
蛋…1 顆
水…20cc

調味料
鹽…1 小匙

▋ 作法

1 2 洋蔥去蒂頭後，逆紋切 1.5cm 圓圈狀。

3 將鹽加到麵粉中，將洋蔥圈均勻裹上麵粉，可稍微按壓使其更緊密貼合。

4 洋蔥圈均勻裹上蛋液（小知識❶）。

5 洋蔥圈均勻裹上麵包粉，並按壓緊實防脫落。

6 洋蔥圈噴油，以攝氏 200 度氣炸 8 分鐘即完成！成品可搭配番茄醬一起食用。

小知識

❶蛋液可加10cc水打散，如此便能更好沾裹上麵粉。

豆・蛋・蔬菜・甜點類

蒜蓉烤茄子

這是道燒烤攤的料理,將烤得軟嫩多汁的茄子淋上特製蒜蓉醬,不但聞起來香吃起來更香,超級下飯也很適合當作下酒菜唷!

▌材料（1 人份）

茄子…1 根
蒜頭…50 克
小辣椒…1 根
蔥…1 支

調味料

醬油…2 大匙
米酒…1 大匙
蠔油…1/2 大匙
糖…1/4 小匙
白胡椒粉…1/8 小匙

▌作法

① 蒜頭切末、蔥切蔥花、辣椒斜切段、茄子對切備用。

② 鍋內下 1 大匙油，放入蒜末及辣椒炒香。

③ 加入調味料煮滾成蒜蓉醬備用。

④ 茄子表面刷油放入氣炸鍋（小知識❶）。

⑤ 以攝氏 200 度氣炸 10 分鐘後切開茄子。

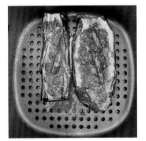

⑥ 將茄子攤平淋上蒜蓉醬，以攝氏 200 度氣炸 5 分鐘，最後撒上蔥花即完成（小知識❷）！

小知識

❶烤茄子必須把茄子內部烤透才能淋上蒜蓉醬，先下蒜蓉醬的話，容易導致蒜蓉醬烤焦茄子卻還沒熟！
❷烤過的茄子很軟，取出的時候可用兩根鍋鏟輔助拿出。

豆・蛋・蔬菜・甜點類

103

蔥香奶油小洋芋

經水煮再氣炸的馬鈴薯，外皮酥脆內層綿密，伴隨淡雅的奶油及黑胡椒香氣，實在太迷人了～而且蔥花還能為這道料理解膩並添加層次感，另外這道菜可當主食亦可當下午茶，非常萬用！快來一起做看看吧！

▌材料（5 人份）

小顆馬鈴薯…5 顆
蔥…1 支（切蔥花）
有鹽奶油…50 克

調味料

鹽…2 大匙（煮馬鈴薯用）
鹽、黑胡椒…1/4 小匙（氣炸的時候加）

▌作法

① 鍋中放奶油，以小火將奶油融化備用。

②③冷水加鹽後放入馬鈴薯，大火煮滾轉中火，蓋上鍋蓋滾煮 40 分鐘至筷子可以穿透取出。

④ 將馬鈴薯輕輕壓扁（小知識❶）。

⑤ 接著每顆馬鈴薯內部皆刷上奶油。

⑥ 馬鈴薯撒上鹽及黑胡椒，以攝氏 200 度氣炸 10 分鐘起鍋後撒蔥花即完成！

小知識

❶ 輕壓請不要太用力，避免整顆全部碎掉。

豆‧蛋‧蔬菜 甜點類

course

40

葡式蛋撻

不得不說這道甜點，真的史上最簡單，要失敗也是相當困難～過程相當療癒，成品也相當好吃，真的很推薦對於甜點苦手的朋友試試看，保證成就感大增！

▌材料（10人份）

市售葡式蛋撻塔皮（超市或食品材料行購入）
蛋…2 顆
牛奶…100c
鮮奶油…50cc
糖…30 克

❶過篩使成品吃起來更細緻。
❷塔皮底部戳洞可幫助對流，避免底部隆起。
❸不可倒至全滿，否則成品會炸開。

▌作法

1 將蛋、牛奶、鮮奶油及糖加入盆中。

2 接著攪拌至糖皆融化後備用。

3 4 將蛋撻液過篩備用（小知識❶）。

5 將塔皮底部戳洞（小知識❷）。

6 倒入混合好的液體至 8 分滿（小知識❸）。

7 以攝氏 180 度氣炸 10 分鐘即完成！

豆・蛋・蔬菜・甜點類

PART
5

一鍋搞定快速上桌
省時省力好料理

沙茶牛肉燴飯

這道料理你只需要有牛肉、蒜頭、空心菜即可,做出來的味道保證連盤子都
會舔乾淨!

▌材料（1 人份）

牛嫩肩里肌⋯120 克
空心菜⋯80 克
蒜頭⋯4 瓣
水⋯200cc
米酒⋯2 大匙
玉米粉水⋯3 ～ 4 大匙（小知識❶）

牛肉醃料

醬油、米酒、玉米粉⋯各 1/2 大匙
胡椒粉⋯1/8 小匙

調味料

沙茶醬、醬油⋯各 1 大匙
蠔油⋯1/2 大匙
烏醋⋯1 小匙
白胡椒粉⋯1/4 小匙

▌作法

1 蒜頭切末、空心菜切 5cm 段、牛肉以牛肉醃料抓醃 10 ～ 15 分鐘備用。

2 鍋內下 1 大匙油，放入牛肉以中火炒至 7 分熟取出備用。

3 原鍋不洗以大火爆香蒜頭。

4 接著下空心菜略為拌炒。

5 下米酒大火滾煮 15 ～ 20 秒至酒氣揮發。

6 加入水及調味料大火煮滾。

7 把炒好的牛肉回放，轉中火煨煮 20 秒（小知識❷）。

8 最後下玉米粉水勾芡即完成！

 小知識

❶玉米粉水比例為2大匙玉米粉混合4大匙水（1：2）。
❷不可煮太久否則牛肉會過柴。

牛肉類

港式窩蛋牛肉粥

廣東粥最重要的環節就是製作粥底,這也是跟台式粥品非常不同的地方,所謂粥底是將米粒運用特別手法醃製,再將其入滾水熬成綿滑的米漿,接著再用這份粥底,搭配不同食材成不同的風味粥品,比如生滾牛肉粥,就是拿熬好的粥底,加上醃過的牛肉製作而成!咱們話不多說,一起來看看這道料理如何製作吧!

▌材料

粥底材料（2人份）
白米…150 克（小知識❶）
水…3000cc（小知識❷）
豬油或無色無味的植物油…2 大匙
（小知識❸）
鹽…1/4 小匙

牛肉粥材料（1人份）
粥底…300 克
牛嫩肩里肌肉…150 克
蛋…1 顆
美生菜絲…20 克
蔥花…5 克

牛肉醃料
薑絲…3 克
花雕酒…1 大匙（可用米
酒代替）
醬油、蠔油…各 1 大匙
白胡椒粉…1/8 小匙
玉米粉…1/2 大匙

▌作法

①將米粒淘洗瀝乾，加入沙拉油及鹽，冷藏醃2 小時備用（小知識❹）。

②起一鍋 3000cc 水，大火將水煮至大滾。

③放入醃好的米，再次煮滾後轉中火，並保持微滾的狀態，鍋不加蓋熬煮 1 小時至綿滑備用（小知識❺）。

④煮至米粒呈現綿滑狀態即為粥底。

⑥備好 1 份粥底，接著薑切絲、蔥切蔥花、美生菜切絲、牛肉以牛肉醃料抓醃 15 分鐘備用。

⑦接著取一份粥底小火煮滾後加入牛肉。

⑧牛肉煮至半熟，下美生菜絲攪拌均勻。

⑨再打入一顆蛋關火攪散，用餘溫讓牛肉跟蛋慢慢熟化，最後撒上蔥花即完成！

小知識

❶米請使用短米，不要使用泰國米之類的長米，否則很難熬煮至軟爛。

❷米水重量比1：20，須煮1小時，成品看得到米粒但已非常綿滑；米水重量比1：25，須煮1.5小時，成品如米漿般完全看不到顆粒。

❸油品選擇請挑選無味道的油，如：沙拉油、芥花油、玄米油等皆可，不可使用橄欖油、苦茶油、胡麻油等。

❹拌入鹽及油醃製，可破壞米的表層組織，讓米粒很快就能熬煮成糊狀。

❺一開始煮的時候可以不用顧火，等到最後10分鐘，才需不斷攪拌避免糊底。

course
43

日式洋蔥牛肉炒飯

這道料理用了牛肉粒,且風味不同於台式炒飯,是只有在居酒屋才吃得到的日式炒飯!必須特別推薦醬油與奶油的搭配,那個醬香與奶香混合在飯裡,真的好吃極了,保證一試成主顧!

材料（2～3 人份）

牛嫩肩里肌肉…250 克
白飯…2 碗（500 克）
蛋…3 顆
洋蔥…1/4 顆（75 克）
蔥…2 支
奶油…15 克

牛肉醃料
醬油、米酒、味醂…各 1/2 大匙

調味料
醬油…1.5 大匙
鹽…1/4 小匙

作法

①蛋打散、洋蔥切丁、蔥切蔥花、白飯煮略乾一點、牛肉切小丁以牛肉醃料抓醃 15 分鐘備用。

②鍋內 2 大匙油，加入牛肉炒至 7 分熟取出備用。

③原鍋不洗以中火爆香洋蔥。

④下蛋液炒至 7 分熟。

⑤加入白飯大火拌炒至鬆散。

⑥於鍋身加醬油後翻炒均勻（小知識❶）。

⑦加入牛肉再次翻炒均勻。

⑧最後關火下鹽、蔥花與奶油，拌炒至奶油全部融化即完成！

小知識

❶醬油必須接觸鍋身才能激發出醬香味，效果會比直接淋在飯上好上許多！

象牌古早味瓜仔肉

美味的瓜仔肉搭配熱騰騰的白飯，鹹香的好滋味真的讓人愛不釋口！選材上，建議可以選帶皮帶油豬肉部位，如此煮起來才會有油脂的香氣與肉的甜味，同時這道料理蒜頭也是靈魂之一，建議多一點才好吃唷！

▍材料（4～6人份）

帶皮胛心肉…500克（小知識❶）
蒜頭…60克
愛之味脆瓜罐頭…1罐（170克）

調味料
醬油…100cc
脆瓜醬汁…50cc
米酒…100cc
水…500cc
白胡椒粉…1/4小匙

❶選帶皮帶油豬肉部位，如此煮起來才會有油脂的香氣與肉的甜味，此部位做出來效果最佳。

▍作法

① 絞肉請攤商絞兩次（口感細緻）、脆瓜與脆瓜醬汁分開、將脆瓜切碎、蒜頭切末備用。

② 鍋內下1大匙油，放入絞肉以中火翻炒。

③ 炒至肉色變白，繼續炒會慢慢出水。

④ 將水分炒乾後下蒜頭爆香。

⑤ 接著放入脆瓜翻炒。

⑥ 加入米酒大火滾煮至揮發。

⑦ 下所有的調味料後加水以大火煮滾。

⑧⑨ 蓋上鍋蓋轉小火燉煮30分鐘即完成！

豬肉類

排骨三劍客（1）——排骨蛋炒飯

香氣十足的排骨，一口咬下鮮嫩多汁，搭配著炒飯一起吃，滋味簡直妙不可言！除了搭配炒飯，這排骨若拿來帶便當，那一定是羨煞眾人的神級便當菜，誠心希望大家有空可以試試，跟著步驟做保證不失敗，未來必定成為你的拿手料理喔！

▌材料（7人份）

大里肌排 1.5cn 厚…7片（600克）
地瓜粉…2～3大匙（炸之前才下）

排骨醃料（小知識❶）
蛋…1顆（1斤肉配1顆蛋）
醬油…45克
水…45克
米酒…15克
蒜泥…15克
薑…3克

糖…10克
香油…10克
鹽…2.5克
白胡椒粉、黑胡椒粉、
五香粉…各1克

▌作法

1 製作排骨請用大里肌排，其白色部分是筋膜，必須做前處理，否則太硬難以下嚥！

2 大里肌排白色筋膜處用刀切開斷筋。

3 接著用肉槌將其拍扁使肉質鬆軟。

4 家裡沒有肉槌者，可以用刀尖戳刺整片排骨，接著再用刀背輕敲也有一樣效果。

5 加入醃料抓拌均勻至排骨全部吸收（小知識❷）。

6 蓋上保鮮膜（避免表面乾掉），冷藏醃漬一晚備用。

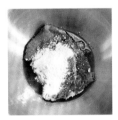

7 取出要用的排骨及醃汁加入地瓜粉。

8 攪拌至麵糊呈現流動狀，但能掛在排骨上為準（小知識❸）。

9 接著鍋內放入可淹過排骨一半的油，燒至油熱放入排骨，以中火半煎炸2.5～3分鐘。

10 煎炸至外表金黃即可取出，取出後瀝油切片即完成（小知識❹）！

小知識

※蛋炒飯食譜請詳參p.154的名店蛋炒飯。
❶醬油比較鹹的朋友，請減少配方中的醬油用量；五香粉絕對不可多，多了排骨會苦！
❷剛下醃料時，可切一小塊煎來試味道，避免成品一次全部失敗。
❸此步驟可以分片包起來進行冷凍（可保存3個月），之後要吃的時候取出解凍再加熱即可！
❹可用筷子戳刺排骨，若能輕易穿透即代表熟透！

豬肉類

排骨三劍客（2）─酥炸排骨飯

這道料理是延續著上一道而來，醃排骨的步驟全部都一樣，只是上一篇古早味排骨是用溼粉炸，今天這道則是使用乾粉炸！兩者的差別在於乾粉炸外殼有顆粒感，粉漿炸的外殼則是一整片完整的！

▋ 材料（1人份）

醃好的排骨…1片（排骨作法請參考上篇P.119「排骨蛋炒飯」）
地瓜粉…50 〜 100 克

▋ 作法

1〜3排骨均勻裹上地瓜粉，輕拍多餘的粉靜置5分鐘，待地瓜粉反潮後備用（小知識❶）。

4 5油溫攝氏160度放入排骨炸2.5〜3分鐘，炸至外表金黃即可取出。

6 7取出後瀝乾油後切片即完成！

豬肉類

121

排骨三劍客（3）─台鐵滷排便當

這道料理是經典的便當菜，真的超級下飯，午餐時間準備這種便當，同學或同事看到都只能投以羨慕的眼光吧！真可以說是一款滿足自己的胃跟虛榮心的神料理！

材料（1人份）

炸好的排骨…1 片（排骨作法請參考
上篇 P.121「酥炸排骨飯」）
蔥…5 根
薑…3 片

蒜頭…5 瓣
八角…1 顆
米酒…30cc
水…570cc

調味料（小知識❶）
醬油…100cc
冰糖…1 小匙
白胡椒粉…1/4 小匙

作法

1 2 鍋內下 2 大匙油爆香蔥、薑、蒜（小知識❷）。

3 加水、米酒、八角及調味料，大火煮滾後轉
小火煮 30 分鐘（小知識❸）。

4 放入炸好的排骨，關火浸泡 2～3 分鐘即可（小
知識❹）！

 小知識

❶醬油：（米酒＋水）＝100：600=1：6，因排骨本身已有味道，故滷汁不用調太鹹，1：6
　或1：7都可以！
❷因為是無高湯、無肉塊的純滷汁，建議爆香的時候，辛香料花時間煸至焦赤，尤其是蔥多
　加認真煸炒，風味基本上都會不錯！
❸此步驟重點在於煮出辛香料的風味。
❹不可浸泡太久，避免麵衣脫落且過於軟爛！

豬肉類

鹹豬肉高麗菜飯

這道料理使用鹹豬肉製作，其本身的油脂與鹹香味，透過加熱慢慢滲出，用本身的豬油拌炒香菇跟蒜末，不斷地把香氣堆疊，真的超級香讓人食指大動！

材料（3～4 人份）

飯…350 克（約兩碗飯）
鹹豬肉…200 克（可參考
p.67 鹹豬肉作法）
泡發乾香菇…150 克
高麗菜…400 克
香菇水…150 克
蔥…1 支

米酒…2 大匙
蒜頭 6 瓣

調味料

醬油…2 大匙
鹽…1/2 小匙
白胡椒粉…1/4 小匙

小知識

❶米酒可以去腥增香，也可以當作緩衝避免鍋底辛香料燒焦！

❷鍋底的醬汁與白飯的量要配合好，切莫炒得太乾或太溼！

作法

1 蒜頭切末、蔥切蔥花、乾香菇泡發切絲、香菇水留著、高麗菜手撕大片、鹹豬肉切片、白飯煮好備用。

2 鍋內不放油，放入鹹豬肉以中火加熱。

3 煎至鹹豬肉上色且出油。

4 放入乾香菇及蒜末大火爆香。

5 炒香後加入米酒滾煮我 15～20 秒至酒氣揮發（小知識❶）。

6 放入鹽、高麗菜及香菇水。

7 拌炒至高麗菜軟化，接著下醬油及白胡椒粉拌炒均勻。

8 放入白飯與醬汁拌炒均勻（小知識❷）。

9 最後撒上蔥花即完成！

豬肉類

古早味肉燥飯

平常只要備好一鍋滷肉燥,隨時想吃加熱後來上一勺,配上熱騰騰的白飯,
一口送入嘴簡直太幸福了!

▋材料（6～8 人份）

豬胛心肉…500 克（小知識❶）

紅蔥頭…30 克

蒜頭…20 克

蔥…2 支

水…550cc

米酒…50cc

調味料（小知識❷）

醬油…120cc

冰糖…1 小匙

五香粉、白胡椒粉…各 1/4 匙

小知識

❶也可以使用梅花絞肉，風味也很不錯。

❷醬油：（米酒＋水）＝120：600=1：5。

❸此步驟為製作紅蔥酥及紅蔥油，是古早味的香氣來源，萬不可省！

▋作法

① 鍋內下 3 大匙油，放入紅蔥頭以中小火拌炒。

② 炒至紅蔥頭呈現金黃酥脆（約5～6分鐘）取出備用（小知識❸）。

③ 用煉過紅蔥頭的油（紅蔥油），放入絞肉炒至變色。

④ 下蔥段及蒜頭大火拌炒。

⑤ 加入調味料及米酒。

⑥ 加水以大火煮滾。

⑦ 蓋上鍋蓋轉小火燉煮 30 分鐘。

⑧ 開蓋後取出蔥段與蒜頭。

⑨ 加入步驟 2 的紅蔥酥即完成！

豬肉類

香菇竹筍豬肉炊飯

這道料理用當季的麻竹筍製作，大家也可以替換成綠竹筍，兩種筍作炊飯都是讚的！若從來沒有買過竹筍的朋友，更是要給自己一次機會試看看！說不定一試成主顧～從此突破心魔開啟竹筍料理之路唷！

▌ **材料**（4 人份）（小知識❶）

米…2 杯（320 克）
泡發乾香菇…6 ～ 8 朵（100 克）

麻竹筍絲…250 克
豬後腿肉絲…100 克
蒜頭…5 瓣
蔥…2 支
香菇水…50 克
雞高湯…250 克

豬肉醃料

醬油、米酒…各 1 大匙
白胡椒粉…1/4 小匙

調味料

鹽…1/2 小匙
白胡椒粉…1/2 小匙（這道料
理白胡椒粉多才夠味！）

▌ **作法**

① 竹筍切除底部粗糙面。

② 因麻竹筍很大，只須取需
要的分量。

③ 接著剝掉外殼再去除周圍
粗糙面。

④⑤麻竹筍先切片再切絲。

6 蒜頭切末、蔥切蔥花、乾香菇泡發1小時候切絲，並留下泡香菇的水、肉絲抓醃10分鐘、米洗淨備用。

7 鍋內下1.5大匙油，放入乾香菇大火炒香，接著放入蒜末爆香。

8 下肉絲炒至變色。

9 放入竹筍拌炒至均勻沾附油脂，並加入鹽及白胡椒調味備用。

10 將炒好的料鋪在米上，加入雞高湯與香菇水放入電子鍋中。

11 煮好後撒上蔥花即完成！

 小知識

❶因為食材會再出水，所以米：（雞高湯+香菇水）＝320克：300克，比例約為1：0.9，如此成品的飯才不會太軟爛。

椒麻雞絲拌麵

這碗麵調味香麻夠勁，Q 彈的麵條沾裹特調的醬汁，真的相當美味且迷人，再搭配鮮嫩的雞絲簡直絕了！學會這道料理，做出來的辣油還能應用在任何菜，非常方便！

■ 川味椒麻紅油材料（10 人份）

雞胸肉…100 克
麵…100 克
無味道植物油…400cc（小知識❶）
二荊條乾辣椒…50 克
月桂葉…1 片
白芝麻…10 克
八角…2 顆（4 克）
草果…2 顆（5 克）
＊草果要壓破味道才出得來。
青花椒…10 克
蔥…4 支
薑…4 片
洋蔥…1/2 顆（160 克）

雞肉醃料
鹽及白胡椒粉…1/4 小匙

調味料
豬油…1 大匙（無可省）
川味紅油…2 大匙
醬油…1 大匙
烏醋…1 小匙
鹽、糖、白胡椒…各 1/8 小匙

■ 作法

1 蔥切長段、洋蔥切大塊、薑切片、中藥材（月桂葉、八角、草果、青花椒）泡水備用。

2 400cc 冷油放入蔥段、薑片及洋蔥。

3 以中火炸至焦黑取出（小知識❷）。

4 將泡中藥材的水倒掉。

5 將中藥材放入油裡，保持中火炸 6～8 分鐘，飄香後將中藥材撈除乾淨（小知識❸）。

6 鍋內不放油，放入二荊條乾辣椒以中小火炒香。

7 炒好的乾辣椒放入攪拌機打碎。

8 將乾辣椒及白芝麻放入盆中。

9 將步驟 5 煉好的香料油加熱至冒煙沖入盆中。

10 靜待辣椒油變溫，放入乾淨的瓶中，靜置一夜即完成辣油（小知識❹）。

11 起一鍋水放入薑片（配方外）以大火煮滾。

12 放入雞胸肉轉中火煮 5 分鐘，關火燜 10 分鐘。

13 取出放涼後剝成雞絲備用。

14 15 碗底加入調味料，將煮好的麵放入攪拌均勻，最後鋪上雞絲並撒上蔥花即完成！

 小知識

❶油請用無味道的植物油，如：玄米油、沙拉油、芥花油等，不可用橄欖油、酪梨油、苦茶油等味道太重的油，否則嚴重影響成品風味！

❷此步驟為煉製香料油，須用中火慢慢將食材水分去除，讓風味融入油中！

❸中藥材預先泡水可避免在此步驟瞬間黑掉，此步驟亦為煉製香料油。

❹剛做好的辣油不夠辣也不夠香，必須靜置一夜，才會激發辣度與香氣。

大蔥鴨肉烏龍麵

一般家常烏龍麵，大多都拿來炒或是做清湯的，這道鴨肉大蔥版本，可以超越你對於烏龍麵的想像！先煎後燙的鴨肉，帶有香氣且非常軟嫩，加上煎至微焦的三星蔥，吃下去甜感十足，兩者互相作用更能讓湯頭濃郁！最值得一提的當然是主角烏龍麵，Q 彈的好勁道讓人一口接一口，完全停不下來！

▌柴魚昆布高湯材料

水…1000cc
昆布…10 克
柴魚片…20 克（可換鰹魚粉 1/2 小匙）

▌鴨胸大蔥烏龍麵材料（1 人份）

鴨胸 1/2 顆（170 克）
冷凍烏龍麵…1 塊
三星蔥…2 根
昆布柴魚高湯…500cc
香菇…2 顆

鴨胸醃料

鹽…1/2 小匙

調味料

醬油…1/2 大匙
味醂…1 大匙

▌昆布柴魚高湯作法

1 將昆布浸泡於 1000cc 水中 2 小時，接著加熱至快要滾時，關火燜 10 分鐘備用。

2 取出昆布，將湯汁大火煮滾，關火放入柴魚靜置 10 分鐘。

3 最後過濾即完成！

雞 鴨 肉 類

▎大蔥鴨烏龍麵作法

④香菇刻花、蔥白切段、蔥
綠切蔥花、鴨胸擦乾血水撒
鹽抓醃 10 分鐘備用。

⑤鴨皮朝下放入鍋中，以中
小火慢慢加熱（小知識❶）。

⑥鴨油滲出時放入蔥段煎上
色。

⑦鴨皮煎上色後翻面，蔥段
煎至兩面金黃取出。

⑧接著再將肉面每面各煎
10 ～ 20 秒，煎至定形取出
放涼。

⑨原鍋倒入昆布柴魚高湯，
再加入醬油及味醂。

⑩ 煮滾後加入烏龍麵及香菇。

⑪ 煮至烏龍麵及香菇軟化取出。

⑫ 將已放涼鴨胸切片。

⑬⑭ 放入高湯燙3～5秒，最後組裝起來即完成（小知識❷）！

 小知識

❶鴨的皮較厚，需要小火慢慢將其油脂逼出來，若用大火則會直接煎焦。

❷鴨胸不要燙太熟，以免口感乾硬發柴。

雞，鴨肉類

137

course
53

日式香菇栗子雞肉炊飯

香菇跟雞肉本就是超級合拍的搭檔，再搭配鬆軟的栗子，鹹鹹甜甜的充滿濃郁日式風味！真的超級好吃的～一定要試試看！

▎ 材料（4 人份）

去骨雞腿肉…300 克
熟栗子…150 克（小知識❶）
香菇…200 克
蔥…1 支
米…2 杯（320 克）
水…255 克

雞肉醃料

醬油、米酒…各 1 大匙
白胡椒粉…1/4 小匙

調味料

醬油…1 大匙
米酒…1 大匙
味醂…1 大匙
鰹魚粉…1/4 小匙
鹽…1/4 小匙
（起鍋後才放）

小知識

❶熟栗子全聯、大潤發等超市皆
有販售。

❷因為食材會再出水，所以米：
（水+調味料）＝320克：300
克，比例約為1：0.9，如此成
品的飯才不會太軟爛。

❸用電鍋者外鍋1杯半的水蒸至跳
起，燜10分鐘後開蓋即完成！

▎ 作法

1 去骨雞腿肉切成
3×3cm塊狀、香菇切
片、蔥切蔥花及米淘洗
乾淨備用。

2 鍋內下1大匙油，以
大火將香菇炒香。

3 放入雞肉大火炒至表
面無血色。

4 鍋內加入米、水及除
了鹽以外的調味料（小
知識❷）。

5 將炒好的料及栗子放
入鍋中，按下電子鍋炊
飯鍵（小知識❸）。

6 飯蒸熟後撒入鹽及蔥
花。

7 翻拌均勻即完成！

青醬雞肉蘑菇義大利麵

青醬是義大利麵相當經典的口味,看完本篇食譜,可以徹底了解如何製作青醬,亦能學習如何讓青醬保持翠綠不發黑!另外青醬除了用來搭配義大利麵外,還可以搭配歐式麵包或是拿去炒海鮮,都非常適合且美味唷!

▋ 九層塔青醬材料（8～10人份）

九層塔…100 克
橄欖油…100 克
松子…60 克
帕達諾硬質乳酪…40 克
蒜頭…30 克
黑胡椒…0.5 克
鹽…0.5 克

▋ 青醬雞肉蘑菇義大利麵材料（1人份）

義大利直麵 5 號麵…100 克
九層塔青醬…30 克
雞高湯…120cc
白酒…30cc
鮮奶油…40cc
雞胸肉…100 克
蘑菇…60 克
洋蔥…1/8 顆（40 克）
蒜頭…4 瓣
帕瑪森起司…20 克

雞肉醃料

白酒…1/2 大匙
鹽…1/4 小匙
白胡椒粉…1/8 小匙

調味料

鹽、黑胡椒…各 1/4 小匙

▋ 作法

1 九層塔去莖留下葉子、蒜頭去掉蒂頭備用（小知識❶）。

2 起一鍋滾水，放入九層塔汆燙 10～15 秒（請確認每片葉子都有汆燙到）（小知識❷）。

3 取出瀝乾並用廚房紙巾多次按壓，按壓至完全無水分備用（小知識❸）。

4 將松子放入平底鍋，不加油小火翻炒 3～5 分鐘至上色（小知識❹）。

5 6 將九層塔及所有材料放入攪拌機，打碎即完成！

雞·鴨肉類

7 經汆燙過的九層塔青醬，可以保持翠綠不容易發黑變色！

8 可分裝冷凍保存，賞味期限 3 個月。

9 洋蔥切丁、蒜頭切末、蘑菇切片、雞胸肉切片以雞肉醃料醃 10～15 分鐘備用。

10 起一鍋 3000cc 滾水並加鹽（水量的 2%），放入義大利麵煮至包裝建議時間減 2 分鐘，撈起淋橄欖油防沾黏備用（小知識 5）。

11 鍋內下 2 大匙橄欖油，放入雞胸肉煎熟取出備用。

12 原鍋不洗，大火將蘑菇炒香及炒上色。

13 接著爆香洋蔥及蒜頭。

14 加入白酒燒乾至濃稠（小知識6）。

15 下雞高湯大火煮滾後放入義大利麵。

16 炒至收汁（約1～2分鐘）下鮮奶油、鹽及黑胡椒。

17 放回雞胸肉及下青醬。

18 拌炒均勻後刨上帕瑪森起司，再次拌炒均勻即完成！

小知識

❶九層塔不用洗，因後續還要汆燙。
❷汆燙過後的青醬不易變色，此為餐廳正常標準程序。
❸務必吸乾水分，避免影響成品風味，也能使保存期限拉長！
❹沒有松子可以改用任何堅果代替，如：花生、核桃、腰果、榛果、開心果。
❺因後續還要拌炒，麵不用煮到全熟，否則成品會太軟。
❻白酒務必燒乾，才能使成品不酸澀。

台式海鮮炒麵

台式炒麵雖然說是炒，但其實更重視醬汁跟油麵之間的互動，準確地來說更像是在拌，所以只要先做出美味的湯頭再讓油麵去吸收，人人都可以做出好吃又入味的炒麵唷！

▌材料（3～4 人份）

油麵…400 克
蝦仁…15 隻（依家境增減）
透抽…1 支（200 克）
肉絲…80 克
蔥…3 支
蒜頭…6 瓣

洋蔥…1/4 顆（80 克）
紅蘿蔔…1/4 根（80 克）
高麗菜…1/4 顆（250 克）
米酒…50cc
水…200cc

肉絲醃料
醬油、米酒…各 1 大匙
白胡椒粉…1/8 小匙

調味料
醬油…2 大匙
醬油膏…1 大匙
白胡椒粉…1/4 小匙
鹽…1/4 小匙
烏醋…1 大匙（起鍋前才加）

▌作法

1 高麗菜剝適口大小（約 4×4cm）、紅蘿蔔切絲、洋蔥順紋切絲、蔥白蔥綠分開切段、蒜頭切末、蝦仁開背、透抽切圈、肉絲以肉絲醃料抓醃 5～10 分鐘備用。

2 油麵以滾水汆燙 30 秒取出備用。

3 鍋內下 2 大匙油，下紅蘿蔔絲以中火炒透炒出甜味（約 2～3 分鐘）。

4 下洋蔥絲及蔥白段以大火拌炒（約 1 分鐘）。

5 下肉絲及蒜末以大火拌炒（約 30 秒）。

6 加入米酒轉大火滾煮 15～20 秒揮發酒氣。

7 加入水、調味料（不含烏醋）大火煮滾。

8 放入高麗菜轉中火燜煮（約 2～3 分鐘）。

9 待高麗菜開始軟化，加入油麵拌炒收汁（約 2～3 分鐘）（小知識❶）。

10 麵吸收湯汁入味後，放入海鮮料拌炒至熟。

11 最後下蔥綠及烏醋，拌炒均勻即完成！

小知識
❶麵好不好吃就看這一步，一定要化時間把麵煮入味！

海鮮類

明太子炒烏龍

這道料理香氣十足味道濃郁且烏龍麵口感相當 Q 彈、整碗麵都吃得到明太子的味道,不會被醬香或奶香給掩蓋,真的非常好吃,誠心建議大家有空可以試做看看唷!

▋材料（1人份）

冷凍烏龍麵…1 塊
洋蔥…50 克
鴻喜菇…50 克
蒜頭…5 瓣
蔥…1/2 支（取部分裝飾用）
水…100cc
鰹魚粉…1/2 小匙

海苔絲…5 ～ 10 克（裝飾用）
明太子…1/3 條（裝飾用）

明太子醬材料

明太子…2/3 條
鮮奶油…20 克
醬油…10 克
味醂…10 克

小知識

❶明太子不宜過度加熱，
否則會非常腥，切記炒
完關火才能下明太子醬
喔！

▋作法

①將明太子薄膜輕輕劃開。

②攤平後用刀背刮出明太
子。

③將明太子醬材料混合均勻
備用。

④蔥切蔥花、蒜頭切末、洋
蔥順紋切絲、鴻喜菇去根部
剝散備用。

⑤鍋內下 1.5 大匙油，放入
鴻喜菇大火炒香。

⑥接著爆香洋蔥及蒜末。

⑦加入水、鰹魚粉及冷凍烏
龍麵。

⑧中大火將烏龍麵煮軟（約
2 ～ 3 分鐘）。

⑨接著關火下蔥花及調好的
明太子醬（小知識❶），盛盤
後鋪上剩餘的 1/3 明太子、
海苔絲及蔥花裝飾點綴即完
成！

海鮮類

course
57

日式鮭魚炊飯

富含油脂的鮭魚，徜徉在蛋香四溢的炊飯中，這道料理簡單卻又是筆墨難以形容的美味呀！

▌材料（3～4 人份）

鮭魚菲力…（250 克）
米…1 杯半（240 克）
鴻喜菇…1 包
玉米筍…8 支
水…195 克
蔥…1 支

鮭魚醃料

米酒…1 大匙
鹽…1 小匙
白胡椒粉…1/4 小匙

調味料（小知識❶）

醬油、味醂、米酒…各 15 克（1 大匙）
鰹魚粉…1/4 小匙
鹽…1/4 小匙（炒鴻喜菇及玉米筍用）
鹽…1/4 小匙（炊飯完成時調味用）

▌作法

1 蔥切蔥花、鴻喜菇切去底部剝散、玉米筍切丁、鮭魚以鮭魚醃料醃10 分鐘、米洗淨備用。

23 鍋內下 1 大匙油，鮭魚皮面朝下，煎至兩面上色取出備用（小知識❶）。

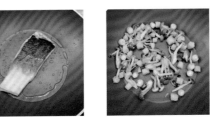

4 原鍋不洗，用鮭魚油中火炒香鴻喜菇及玉米筍，並加入鹽調味備用。

5 將洗好的米放入鍋中，加入醬油、米酒、味醂、鰹魚粉及水（小知識❷）。

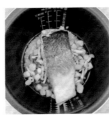

6 放入鮭魚、鴻喜菇及玉米筍，電子鍋按下炊飯鍵蒸熟。

7 飯蒸熟後用鍋鏟將鮭魚壓碎，並與飯混合均勻。

8 最後下鹽及撒上蔥花即完成！

小知識

❶鮭魚不用煎熟，因為後續還要一起入鍋蒸，煎至上色有香氣即可！
❷因為食材會再出水，所以米：（水＋調味料）＝240克：216克，比例為1：0.9，如此成品的飯才不會太軟爛。

韓式海鮮煎餅

酥脆的餅皮裡面有著各式各樣的海鮮,一口咬下超級飽嘴又滿足,那淡雅的鹹味飄著濃濃的麻油香,讓這道料理變得更加迷人,加上作法也不難,只需要將材料拌在一起煎脆即可,大家有空不妨動手一起做起來唷!

▌ 材料（4～6 人份）

蝦仁、透抽、干貝…各 70 克（依家境增減）
太白粉、低筋麵粉…各 50 克
水…100 克
蛋黃…1 顆
蔥…2 支
韭菜…4 支
大紅辣椒…2 支

調味料

韓式芝麻油…1 大匙
鹽、黑胡椒粉…1/4 小匙

煎餅蘸醬

醬油…1 大匙
蒜泥、白芝麻、韓式芝麻油…各 1/2 大匙
糖、黑胡椒粉…1/4 小匙

▌ 作法

1 大紅辣椒斜切段、韭菜及蔥切 5cm 段、透抽切圈、干貝 1 開 4、蝦仁去腸泥備用。

2 將海鮮料、韭菜、蔥段、太白粉、大紅辣椒段及低筋麵粉放入鍋中。

3 加入水、蛋黃及調味料攪拌均勻備用（小知識 ❶、❷）。

4 鍋內下 2 大匙油，放入海鮮麵糊，以中火慢煎至底部定形且金黃酥脆。

5 定形後將海鮮煎餅取出放在盤子上。

6 取另外一個盤子蓋住。

7 快速翻轉過來即完成翻面（小知識 ❸）。

8 將翻好面的煎餅放回鍋中，一樣煎至底部金黃即完成！

9 將煎餅蘸醬混合均勻即可搭配成品享用。

小知識

❶ 只需要蛋黃即可，加整顆蛋成品顏色不夠漂亮。
❷ 海鮮麵糊應為黏稠狀，若太多水需等比例補粉至濃稠。
❸ 海鮮煎餅只須翻一次面，翻太多次容易破掉，所以煎第一面時，須不斷觀察底部（用鍋鏟稍微翻開來看），是否已成形且酥脆！

海鮮類

生炒花枝意麵

花枝的 Q 彈，吸飽那酸酸甜甜醬汁的意麵，真讓人愛不釋手！這道料理是我
在台南學到的，作法保證正宗，惟本人不喜吃太甜，所以糖的比例降低很多，
想吃道地府城風味把糖再加 20 克便可以囉！

▌材料（2人份）

鍋燒意麵…2 塊
花枝…200 克
洋蔥…1/2 顆
蒜頭…5 瓣
蔥…2 支
小辣椒…1/2 根
玉米粉水…1.5 大匙（小知識❶）

調味料

雞高湯…80cc
烏醋…2 大匙（小知識❷）
醬油、蠔油…各 1 大匙
糖…2 小匙
米酒…1 大匙
鹽…1/4 小匙
白胡椒粉…1/8 小匙

▌作法

1 蒜頭切末、洋蔥順紋切絲、蔥白蔥綠分開切段、辣椒斜切圈、調味料預先混合、玉米粉水預先混合備用。

2 鍋內下 1 大匙油，下花枝大火炒至半熟取出（小知識❸）。

3 鍋內下 1 大匙油，大火爆香蒜末、洋蔥、辣椒與蔥白段。

4 下調味料大火煮滾。

5 接著放入蔥綠與花枝。

6 煮至花枝熟後下 1.5 大匙玉米粉水勾芡關火備用。

7 將所有的料撈出備用。

8 起一鍋滾水，放入鍋燒意麵燙 10～15秒（小知識❹）。

9 將鍋燒意麵放入炒好的醬汁中拌炒均勻。

10 將吸滿醬汁的鍋燒意麵盛盤，最後鋪上海鮮料即完成！

小知識

❶玉米粉水比例為1大匙玉米粉混合2大匙水（1：2）。

❷烏醋是靈魂調味料，量必須多！

❸火裡火力小，沒辦法一鍋成菜，先下花枝炒過最後再回放，可最大程度確保花枝不過柴！

❹鍋燒意麵不可燙過久，避免口感盡失。

海鮮類

名店蛋炒飯

這道料理是小籠包名店的蛋炒飯配方，所有材料皆為固定的量，製作程序亦按店內標準化操作，這炒飯的關鍵點在於蛋黃跟蛋白要分開炒散，然後必須炒出蛋油，再用蛋油炒飯才香！只要把握本食譜的操作方式跟小知識，你也能輕鬆復刻名店料理！

▌材料（1人份）

飯…240 克（小知識❶）
蛋…2 顆（100 克）
蔥花…8 克
油…20 克

調味料
鹽、味精（無者可省）…1/8 小匙

小知識

❶ 標準版本使用台梗9號米，口感不黏易炒得粒粒分明！
❷ 飯要用剛煮好的熱飯，煮的時候可以少加一點水，讓飯整體呈現乾一點的狀態。
❸ 油溫不可過高（燒到冒煙），否則蛋下去就會瞬間熟透。
❹ 這裡相當關鍵，好吃與否全看這步，一定要炒出蛋油才能逼出蛋的香氣！
❺ 台梗9號非常好炒，不須太用力把飯粒弄破，慢慢炒也能炒得粒粒分明。

▌作法

1 蔥切蔥花、飯煮熟（小知識❷）備用。

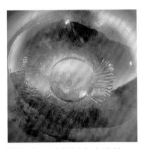

2 鍋內下油並以中火燒熱（小知識❸）。

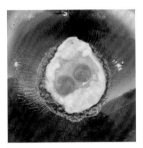

3 轉小火下蛋。

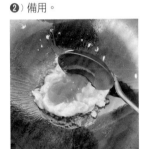

4 待蛋白成形後將蛋黃攪散。

5 接著轉大火炒出蛋油（小知識❹）。

6 接著下白飯全程保持大火快炒。

7 炒飯時可用鍋勺輕輕搗飯，使其快速鬆散且粒粒分明（小知識❺）。

8 最後下鹽、味精及蔥花，拌炒均勻即完成！

其他類

家常食材煮出掃盤料理

牛肉、豬肉、雞肉篇

清燉牛肉麵

看似平淡的清湯卻非常夠味,香甜的牛肉以及白蘿蔔更是受人喜愛,特別注意製作清燉牛肉湯,最重要的關鍵就是使用骨頭去燉湯,如果單純只用肉去燉,成品的湯既不香也沒有底蘊,不要嫌用牛骨麻煩,最麻煩的事莫過於花了時間卻徒勞無功,那才是最讓人傷心的事!

▌材料（4～6人份）

水…6000cc	**滷包中藥材**	**調味料**（小知識❶）
米酒…100cc	八角…1顆	鹽…2大匙
牛大骨…1000克	桂皮…2克	冰糖…1小匙
牛肋條…1000克	白胡椒粒…3克	
蔥…100克	甘草…3克	
洋蔥…500克	小茴香…3克	
白蘿蔔…500克	草果…1顆	

小知識

❶牛肋條煮了會縮，建議切大塊成品才好看也較有口感！

❷帶骨食材必須冷水開始汆燙，這樣骨頭中的血沫與雜質才容易釋出，如果滾水下會導致蛋白質瞬間收縮，使汆燙效果大減。

❸無骨食材滾水下，燙掉表面血水即可，若冷水開始煮會喪失太多肉的甜味！

❹白蘿蔔若跟牛肉一起放，久燉後的口感會過於軟爛，所以兩個食材必須分段下。

▌作法

1 洋蔥切塊、白蘿蔔去皮切塊、牛肋條切4～5cm條狀備用（小知識❶）。

2 中藥材如圖，做清燉牛肉湯中藥材原則就是「少」，因為是清燉的緣故，中藥材一多，很容易搶過牛肉及牛骨的風味。

3 4 牛骨冷水下鍋，大火煮滾取出備用（小知識❷）。

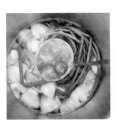

5 滾水下牛肋條，煮至水再次滾起取出洗淨（小知識❸）。

6 將牛骨、牛肋條、洋蔥、蔥及中藥材放入鍋中（除了白蘿蔔其他全下）。

7 加水及米酒淹過食材，大火煮滾撇去浮沫，不加蓋轉小火燉煮2小時。

8 取出牛肋條放涼備用。

9 放入白蘿蔔，保持小火燉煮1小時候取出（小知識❹）。

10 過濾湯裡的牛骨、洋蔥、蔥段及中藥材。

11 將牛肋條及白蘿蔔放回熬好的牛清燉高湯中，最後加鹽及冰糖調味，放一晚使其入味即完成！

PART 6　家常食材煮出掃盤料理 — 牛肉、豬肉、雞肉篇

牛肉類

159

法式紅酒燉牛肉

這道料理一直是臺灣熱門的西餐料理，其製作方式相當簡單，只需要將醃過紅酒的牛肉進行煎製，再把西餐三寶（洋蔥、紅蘿蔔、西洋芹）及番茄炒香，加入紅酒及雞高湯，煨煮至牛肉熟透就完成了！完全沒有想像中困難，且搭配義大利麵或是法國麵包一起吃，更是風味超讚！

▌材料（4～6人份）

牛肋條…1000克
雞高湯…750cc
洋蔥…300克
紅蘿蔔…150克
蘑菇…150克
西洋芹…75克
蒜頭…30克
番茄糊…40克
紅酒…300cc
整顆番茄罐頭…200克

低筋麵粉…2大匙
奶油…30克

牛肉醃料

鹽、黑胡椒粉…各1/2小匙
紅酒…100cc
百里香…6～8根
月桂葉…1片

調味料

鹽、黑胡椒粉…各1小匙

小知識

❶牛肋條煮了會縮，建議切大塊成品才好看也較有口感！
❷番茄糊（Tomato Paste）是濃縮後呈膏狀的番茄，作用是增加風味及增色。
❸加麵粉是讓成品呈現濃稠感的關鍵，若不加則會像紅燒牛肉湯一樣！

▌作法

⒈蒜頭去蒂頭、洋蔥切大塊、紅蘿蔔切滾刀塊、西洋芹切小塊、蘑菇對切，牛肋條切4～5cm條狀，以百里香、月桂葉及紅酒醃漬1晚備用（小知識❶）。

⒉鍋內下3大匙橄欖油，放入牛肋條大火煎香。

⒊接著下蒜頭、洋蔥、紅蘿蔔、西洋芹及番茄罐頭以中火炒香。

⒋炒香後下番茄糊拌炒均勻（小知識❷）。

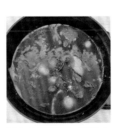

⒌⒍加入麵粉拌炒均勻，接著加入紅酒，大火滾煮1分鐘揮發酒氣。（小知識❸）。

⒎加入雞高湯、醃料中的百里香及月桂葉，大火煮滾。

⒏蓋上鍋蓋轉小火燉煮90分鐘。

⒐另起一鍋下奶油將蘑菇炒香，並下1/4小匙鹽及黑胡椒（配方外）調味。

⒑將蘑菇加入鍋中，繼續燉煮10分鐘。

⒒最後下鹽及黑胡椒調味即完成！

牛肉類

日式味噌牛肋

這道料理原型來自大阪名物「土手燒」，是一道鄉土料理，我將作法調整成更好上手的方式，味道一樣美味～想想那熱騰騰的白飯淋上濃稠的醬汁，加上軟嫩的牛肋還有入味的蘿蔔，喜歡日式風味的朋友，千萬不要錯過這道料理唷！

▌材料（3～4人份）

牛肋條…600 克
白蘿蔔…2/3 根（400 克）
薑片…5 片
蔥…4 支
水…1000cc
米酒…50cc

調味料

味噌…50 克
味醂…50cc
醬油…15cc
鰹魚粉…5 克

▌作法

1 薑切片、蔥3支切長段、蔥1支切蔥花、白蘿蔔切塊、牛肋條切4～5cm條狀備用（小知識❶）。

2 滾水下牛肋條，煮至水再次滾起取出洗淨（小知識❷）。

3 將汆燙好的牛肋條放入鍋中。

4 接著再放入水、米酒、白蘿蔔、蔥段、薑片及調味料（小知識❸）。

5 大火煮滾撇去浮沫。

6 蓋上鍋蓋轉小火燉煮70分鐘。

7 開蓋轉中大火收汁至濃稠（約20分鐘）（小知識❹）。

8 最後取出蔥段及薑片，成品撒上蔥花即完成！

 小知識

❶牛肋條煮了會縮，建議切大塊成品才好看也較有口感！
❷無骨食材滾水下，燙掉表面血水即可，若冷水開始煮會喪失太多肉的甜味！
❸一般而言製作味噌料理，味噌都是最後下，避免味噌久煮失去其風味，然而在味噌煮這類菜色則味噌會先放，一方面使其入味，一方面可達去腥增香之效果！
❹開蓋是為了收汁使醬汁濃稠。

牛肉類

韓式牛肉海帶芽湯

這道湯品材料看起來很普通，但牛肉與海帶經久煮後，兩者味道合而為一，讓人很難相信僅僅用水煮的湯，味道居然好喝得難以令人置信！加上韓式麻油的香氣、蔥花的提味以及白芝麻的點綴，根本就是一道色香味俱全的美味湯品！

▌材料（3～4人份）

乾海帶芽…15 克
牛嫩肩里肌肉…200 克
蔥…1 支
蒜頭…4 瓣

水…1400cc
韓式芝麻油…2 大匙
白芝麻…1/2 大匙

調味料
醬油…2 大匙
鹽…1/2 小匙

▌作法

1 蔥切蔥花、蒜頭切末、海帶芽稍微沖洗後泡水5分鐘取出擠乾備用。

2 鍋內下韓式芝麻油。

3 放入牛肉以中火炒至半熟。

4 下蒜末以中火爆香。

5 炒出香味後下擠乾水分的海帶芽。

6 加入水以大火煮滾，煮滾後轉小火，蓋上鍋蓋燉煮30分鐘。

7 接著開蓋下醬油及鹽。

8 調味後續煮3分鐘即完成，盛入碗中再加入白芝麻與蔥花點綴！

牛肉類

川味水煮牛肉

水煮牛肉是經典的川菜料理，是早期在四川著名的鹽都自貢市，下層工人中將無法工作的老牛宰殺做成的料理，其特色是「麻、辣、鮮、燙」，那滾燙麻辣湯底配上鮮香嫩滑的牛肉，真的超級下飯！

材料（2～3人份）

牛嫩肩里肌肉…200 克
黃豆芽…200 克
雞高湯…300cc
二荊條乾辣椒…30 克
青花椒…5 克
蒜頭…5 瓣
薑…1 塊
香菜…1 把
米酒…2 大匙
玉米粉水…3 大匙（小知識❶）

牛肉醃料

醬油…1 大匙
米酒…1/2 大匙
白胡椒粉…1/4 小匙
玉米粉…1/2 大匙

調味料

辣豆瓣醬…2 大匙
醬油…1 大匙
糖…1/2 大匙
白胡椒粉…1/4 小匙

小知識

❶玉米粉水比例為2大匙玉米粉混合4大匙水（1：2）。
❷此步驟為製作刀口辣椒，傳統都是放在砧板上切碎故得其名。
❸辣豆瓣醬必須炒過才香。
❹牛肉後續還會跟醬汁結合，此步驟請勿燙太熟！

作法

1 蒜頭切末、薑切片、香菜切小段、牛肉以牛肉醃料抓醃10～15分鐘備用。

2 起一鍋滾水燙黃豆芽2～3分鐘至熟。

3 取出黃豆芽鋪在砂鍋底部備用。

4 鍋內下2大匙油，放入乾辣椒及青花椒，中小火將其焗香（約1～2分鐘）。

5 將乾辣椒及青花椒取出打碎備用（小知識❷）。

6 原鍋不洗，利用焗過乾辣椒及青花椒的香料油，中火爆香蒜頭與薑片。

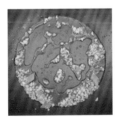
7 下辣豆瓣醬及米酒拌炒（小知識❸）。

8 加入雞高湯、醬油、糖及白胡椒粉大火煮滾。

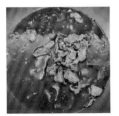
9 放入牛肉片燙至7分鐘熟取出（小知識❹）。

10 將醬汁以玉米粉水勾芡至濃稠狀。

11 將燙好的牛肉及醬汁放入砂鍋中。

12 鋪上刀口辣椒，將3大匙油燒至冒煙淋在辣椒上，成品再撒上香菜即完成！

牛肉類

台式滷豬腳

皮Q肉嫩的豬腳，一口咬下真的超級滿足，再把鹹香的滷汁淋在飯上，真的是道超經典掃飯料理！只要跟著食譜配方煮，保證人人都能煮出噴香美味的滷豬腳唷！

▍材料（2～3 人份）

豬前腿…1 隻（小知識❶）
蔥…5 支
蒜頭…6～8 瓣
薑…2 片
乾辣椒…10 克
水…1400 克
米酒…100 克

中藥材（小知識❷）
八角…1 顆
桂皮…1 小片
花椒粒…5 克
月桂葉…1 片

調味料
醬油…200 克
醬油膏…100 克
冰糖…1 大匙
白胡椒粉…1/4 小匙

▍作法

1 蔥切長段、薑切片、中藥材裝進滷包袋、豬腳洗淨備用。

2 豬腳放入冷水中。

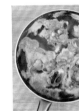
3 中大火煮滾後取出。

4 取出後洗淨備用（小知識❸）。

5 鍋內下1大匙油，放入蔥段、蒜頭、薑片及乾辣椒爆香。

6 加入豬腳、滷包、米酒、調味料及水（小知識❹）。

7 大火煮滾撇去浮沫。

8 蓋上鍋蓋轉小火燉煮2小時（小知識❺）。

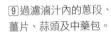
小知識

❶豬前腿肉多、豬後腿膠質多，一般較常用前腿製作。
❷豬腳的腥味較重，這幾樣中藥材為最基本款，建議要放才能達到去腥增香效果；中藥材可於中藥房購買。
❸豬腳一般市場攤販已處理得很乾淨，買回家後要再做二次檢查，請於汆燙後檢查，因汆燙過後汙垢或是豬毛會更明顯，此時須特別檢查腳蹄處，是否仍有未處理乾淨之處！
❹（醬油200克＋醬油膏100克）：（水1400克＋米酒100克）＝1：5。
❺燉煮前的滷汁須比喝湯再鹹一點，成品味道才足！
❻「三分煮；七分泡」，好的滷味要入味必須靠浸泡的方式，滷只是將食材加熱煮軟而已！

9 過濾滷汁內的蔥段、薑片、蒜頭及中藥包。

10 將豬腳浸泡一夜幫助入味（小知識❻），隔天再次加熱即完成！

豬肉類

黃金甜蔥豬五花

利用五花肉煸出來的豬油去炒甜蔥，真的是香爆！還有吸收了油香及醬香的嫩蛋，風味超級迷人，黃澄澄的成品美觀又大方，上桌直接被掃盤更是成就感滿滿！

▌材料（3～4人份）

日本甜蔥…1 根（小知識❶）
帶皮五花肉…200 克（可自行替換別的五花肉或梅花肉）
蛋 3 顆

調味料

醬油、米酒、味醂…各 1 大匙
鹽…1/4 小匙（小知識❷）

▌作法

12 蛋打散加鹽調味、長蔥蔥白斜切、蔥綠直切段備用。

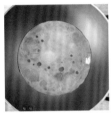

3 鍋內下 1 大匙油加入蛋液。

4 將蛋液炒成大塊狀取出備用（小知識❸）。

5 原鍋不洗，不放油放入五花肉大火煎至出油。

6 待五花肉無血色，放入蔥白段用豬油大火炒香。

7 加入米酒大火滾煮15～20秒揮發酒氣。

8 下醬油及味醂大火拌炒。

9 最後放入蔥綠及蛋，再次拌炒均勻即完成！

 小知識

❶日本甜蔥全聯有賣，外型白白胖胖，口感又水又甜，比一般的蔥好吃許多。
❷鹽不用太多，因後面還會跟照燒醬結合。
❸蛋不要炒得太碎，避免影響成品口感。

豬肉類

家常紅燒肉

鹹甜軟糯、色澤鮮豔的紅燒肉，讓人食指大動，而且因為先煎過油已被逼出來一大半，吃起來完全不會感到膩口！另外紅燒肉與滷肉最大差別，就是成品醬汁濃稠而非液態滷汁。

材料（4～6 人份）

豬五花肉…850 克
蔥…2 支
蒜頭…5 瓣
薑…2 片
米酒…50 克
水…370 克

調味料（小知識❶）

醬油…30 克
醬油膏…30 克
老抽…15 克（小知識❷）
＊無者可省略

冰糖…1.5 大匙
白胡椒粉…1/4 小匙

作法

1 豬五花肉切4×4cm塊狀、蔥切長段、薑切片、蒜頭去蒂頭備用。

2 鍋內不放油，放入豬五花肉以中火加熱（小知識❸）。

3 煎至兩面金黃上色。

4 將多餘的油瀝出，留下約2大匙的油於鍋內。

5 放入蔥、薑、蒜爆香後，接著下調味料。

6 加米酒及水淹過食材，並以大火煮滾（小知識❹）。

7 蓋上鍋蓋轉小火燉煮60分鐘。

8 開蓋後取出蔥、薑、蒜，並轉中大火收汁（約5分鐘）。

9 成品的醬汁應呈現濃稠且有光澤狀，並能沾裹住紅燒肉，最後撒上蔥花即完成！

小知識

❶（醬油30克＋醬油膏30克）：（水370克＋米酒50克）＝60：420＝1：7，老抽沒鹹味可不列入計算。

❷ 老抽是醬油加入焦糖色素製作而成，色澤呈棕褐色並帶有光澤，幾乎沒有鹹度純粹幫助食材上色用，特別適合需要醬色的菜，但凡滷味、紅燒、熱炒菜都可以加入老抽。

❸ 五花肉受熱就會出油，故鍋子可不必放油。

❹ 水量不宜過多，剛好淹過食材就好，不然難收汁！

豬肉類

course
69

蜜汁排骨

蜜汁排骨是一道鹹甜鹹甜的下飯菜,製作過程不難,幾乎與紅燒肉無異,一樣須將滷汁收乾,使成品的醬汁呈現濃稠狀的一道菜,唯一的差別僅在於收汁時須添加蜂蜜,如此便能讓紅燒風味轉變成蜜汁風味!

▌材料（3～4 人份）

豬肋排（五花排骨）…800 克
蔥…2 支
蒜頭…5 瓣
薑…2 片

調味料（小知識❶）
醬油…30 克
醬油膏…30 克
米酒…50 克

水…370 克
冰糖…1.5 大匙
白胡椒粉…1/4 小匙
蜂蜜…1.5 大匙（小知識❷）

▌作法

1 蔥切長段、薑切片、蒜頭去蒂頭備用。

2 鍋內下1大匙油，放入排骨以中火煎至兩面金黃。

3 下蔥、薑、蒜爆香。

4 加入米酒及除了蜂蜜以外的調味料（小知識❸）。

5 加水並以大火煮滾（小知識❹）。

6 蓋上鍋蓋轉小火燉煮60分鐘。

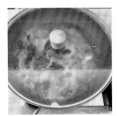

7 開蓋後轉中大火收汁（約5分鐘）。

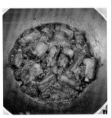

8 收到醬汁濃稠加入蜂蜜。

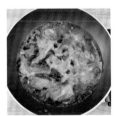

9 持續拌炒至醬汁濃稠且有光澤狀，並以能沾裹住排骨即完成！

小知識

❶（醬油30克＋醬油膏30克）：（水370克＋米酒50克）＝60：420＝1：7。

❷蜂蜜是影響這道菜的關鍵，使用不同的蜂蜜，最終成品的味道都不一樣，建議可使用龍眼蜜！

❸蜂蜜是最後收汁用，太早加香氣會散掉。

❹水量不宜過多，剛好淹過食材就好，不然難收汁。

豬肉類

家常肉末蒸蛋

這是個讓蒸蛋變得更加美味的作法，配個兩碗飯絕對不是問題！

▌蒸蛋材料（2～3人份）（小知識❶）

蛋⋯3顆（150cc）
水⋯300cc

調味料
醬油⋯10cc
鹽⋯1/8 小匙

肉燥材料（2～3人份）
豬梅花絞肉⋯120 克
蒜頭⋯5 瓣
蔥⋯1 支

肉燥調味料
醬油⋯1 大匙
米酒⋯1 大匙
白胡椒粉⋯1/4 小匙

小知識

❶蛋跟水容積比為1：2。

▌作法

1 蛋打散、蒜頭切末、蔥切蔥花備用。

2 將蛋、水、鹽及醬油放入容器，打散並混合均勻。

3 以篩網過濾掉蛋筋，使成品細緻美觀。

4 以湯匙撈除表面小氣泡，使成品不會有凹陷的坑洞。

5 電鍋不用預熱，外鍋1杯水，放入蛋液蒸15分鐘。

6 蒸時請於鍋邊夾一根筷子，使蒸氣散出鍋內溫度不過高，如此成品表面才能光滑。

7 蒸15分鐘後即完成，蒸好的成品表面應光滑平整，口感水嫩Q彈不過硬！

8 鍋內下1大匙油，大火將絞肉香炒散。

9 接著下蒜末爆香。

10 加入肉燥調味料拌炒均勻。

11 撒上蔥花後再次拌炒均勻。

12 最後淋在蒸蛋上即完成！

豬肉類

蒜泥白肉

看似簡單的蒜泥白肉，其實有著許多工序，既要保持五花肉的水嫩口感，那就必須針對火候去控制，還有特調的蒜泥醬汁是本道菜的靈魂，學會之後將昇華你的蒜泥白肉，成為餐桌上的新寵兒！

▌材料（2～3人份）

豬五花肉⋯350 克
蔥⋯1 支
薑片⋯2 片

調味料

蒜泥⋯15 克（可切成蒜碎）
煮肉的高湯⋯2 大匙
醬油、醬油膏⋯各 1 大匙
糖⋯2 小匙
烏醋、香油⋯各 1 小匙

▌作法

1 冷水放入蔥及薑片。

2 將水以大火煮滾，放入豬五花肉。

3 蓋上鍋蓋轉小火煮30分鐘。

4 煮至筷子可輕易刺穿肉即可。

5 取出後冰鎮5～10分鐘，冰至豬肉內外都變涼（小知識 ❶）。

6 將豬肉切片。

7 將調味料混合均勻。

8 於盤中放上豬五花肉，最後淋上醬汁即完成！

小知識

❶冰鎮過的豬肉口感會更Q彈。

豬肉類

糯米椒炒梅花肉

一般糯米椒炒肉都會放豆豉，但這材料對於不常用的家庭來說，還要特別去買很麻煩！本食譜分享的作法，是將蔥爆的手法融入其中，調味料都是唾手可得，相信做起來絕對輕鬆寫意！

▌ 材料（3～4 人份）

糯米椒⋯150 克
梅花肉⋯200 克
蒜頭⋯4～5 瓣（20 克）
米酒⋯1 大匙

豬肉醃料

醬油⋯1/2 大匙
米酒⋯1 大匙
玉米粉⋯1/2 大匙（可用太白粉替代）

調味料

醬油⋯1/2 大匙
蠔油⋯1/2 大匙
烏醋⋯1/4 小匙
白胡椒粉⋯1/8 小匙

▌ 作法

1 2 蒜頭切末、糯米椒斜切段、梅花肉以醃料抓醃10分鐘備用。

3 鍋內下1大匙油放入梅花肉，以中大火炒至7分熟取出備用（小知識❶）。

4 原鍋不洗，加入蒜末爆香，飄香後放入糯米椒大火拌炒。

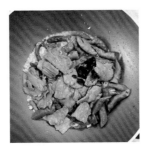

5 接著下米酒滾煮15～20秒至酒精揮發，接著放入梅花肉及調味料。

6 最後拌炒均勻即完成！

小知識

❶將肉取出後再回放，能較好控制熟度，避免因過度加熱，導致肉品乾硬發柴。

豬肉類

義大利陳醋炒櫛瓜五花肉玉米筍

五花肉的油脂完美包裹住蔬菜，兩者相輔相成，吃起來既不膩且風味十足，
再配搭上醬香和黑胡椒微辛辣味，最後點上巴薩米克醋的酸甜感，所有味道
完美地融合在這道料理中，吃起來是真的舒服，強烈推薦大家試試看這個搭
配，絕對能為您帶來味蕾上的全新體驗唷！

材料（3～4 人份）

五花肉…300 克
櫛瓜…150 克
玉米筍…75 克
洋蔥…40（1/8 顆）
蒜頭…20 克（5 瓣）

調味料

醬油…1.5 大匙
黑胡椒…1/2 小匙
巴薩米克醋…1.5 大匙（小知識❶）
米酒…1 大匙

小知識

❶巴薩米克醋是由煮沸的白葡萄汁經長時間的收汁過程釀成，風味呈現酸甜感，且有著深邃的韻味。

作法

①五花肉切1cm厚度條狀、櫛瓜切1cm厚度薄片、洋蔥順紋切絲、玉米筍攔腰斜切、蒜頭切末備用。

②③鍋內下1小匙橄欖油，放入五花肉以中小火煸至兩面金黃取出備用。

④⑤利用鍋內餘油，將櫛瓜煎至兩面金黃取出備用。

⑥汆燙玉米筍備用。

⑦利用鍋內餘油中大火爆香洋蔥及蒜頭。

⑧接著放入處理好的五花肉、櫛瓜及玉米筍，下米酒滾煮15～20秒揮發酒氣。

⑨再加入醬油及黑胡椒翻炒均勻，起鍋後淋上巴薩米克醋即完成！

豬肉類

香菇栗子燒雞

鮮嫩的雞肉、香甜鬆軟的栗子,還有經典不敗的肥美乾香菇,三者透過特製醬汁融合在一起,味道真的好吃極了!而且不得不說栗子這玩意兒太美味啦～～越吃越涮嘴,真後悔沒多加幾顆!

▌ 材料（2～3 人份）

去骨雞腿肉…300 克
生栗子…8 顆
乾香菇…10 朵
香菇水…150cc
白砂糖…1.5 大匙（炒糖色用，非調味料）
米酒…1 大匙

調味料

醬油、蠔油…各 1 大匙
番茄醬…1/2 大匙
白胡椒粉…1/4 小匙

▌ 作法

1 調味料預先混合、乾香菇洗淨泡水1小時，栗子放入電鍋內鍋，外鍋1杯水蒸熟取出備用。

2 鍋內放1小匙油，雞皮面朝鍋底平鋪。

3 中小火煎至表面金黃後，將栗子與香菇放入炒香後取出備用。

4 炒過的油不要倒掉，鍋內放 1.5 大匙白砂糖。

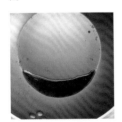

5 小火炒至糖融化，且冒細微小泡且呈琥珀色（小知識❶）。

6 放入雞肉、栗子與香菇，翻炒至食材均勻沾裹糖色。

7 將米酒、調味料及香菇水入鍋以大火煮滾。

8 將醬汁燒至剩1/3，且能均勻裹上食材即完成！

雞肉類

小知識

❶此步驟為炒糖色，成品不甜且帶有香氣，應用於菜品可以增加成品的色澤與亮度。

神仙花雕雞

這道料理一定要使用土雞或仿土雞，然後強烈建議要加入雞翅，成品的雞肉口感 Q 彈鮮嫩且富含膠質，並有著花雕酒的韻味，然後蒜頭入口即化，醬汁味道恰到好處，真的好吃極了！

▌材料（3～4人份）

仿土雞腿肉…600 克
仿土雞翅…2 支
花雕酒…200cc
蔥…2 支
蒜…8 瓣
薑片…4 片
芹菜…4 根（50 克）

雞肉醃料（小知識❶）

醬油、蠔油…各 1 大匙
糖…1/2 小匙
鹽及白胡椒粉…各 1/4 小匙
花雕酒…50cc

▌作法

①薑切片、蔥切5～6cm段並將蔥白及蔥綠分開、芹菜去掉葉子後切段、仿土雞腿肉及雞翅以雞肉醃料抓醃1小時備用。

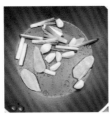

②鍋內下1大匙油，以中火爆香蔥白段、薑片及蒜頭。

③加入雞肉大火拌炒。

④加入花雕酒淹過食材（小知識❷）。

⑤大火將花雕酒煮滾揮發酒氣（約20～30秒）。

⑥蓋上鍋蓋轉小火燜煮15分鐘（小知識❸）。

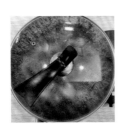

⑦煮至湯汁漸濃，開蓋後轉中大火收汁（約3～5分鐘）。

⑧待醬汁濃稠後，下蔥綠及芹菜段拌炒均勻即完成！

小知識

❶這道料理烹調時不須要額外的調味，只需要一開始醃雞肉的醬料即可！
❷花雕酒剛好淹過食材就好，加太多後續不好收汁！
❸不要煮太久否則蒜頭會化掉。

雞肉類

76

台式辣子雞丁

辣子雞丁原指川菜中的辣子雞,是將油炸過的雞腿肉,搭配大量的花椒及乾辣椒烹製而成,本篇食譜考量家庭操作方便,因此改用台式熱炒作法,食材及調味料取得容易,雞胸肉嫩滑且鹹香帶勁,尾韻有些許微辣感,是一道特別下飯的好料理!

▌ 材料（3～4 人份）

雞胸肉…300 克
大的紅辣椒…3 根（小知識❶）
蒜頭…5 瓣
蔥…2 支

雞肉醃料

醬油、米酒…各 1 大匙
白胡椒粉…1/4 小匙
玉米粉…1 小匙

調味料（小知識❷）

辣豆瓣醬…1 大匙
水…1 大匙
醬油、米酒…各 1/2 大匙
糖…1 小匙
烏醋…1/4 小匙

▌ 作法

1 蒜頭切末、大紅辣椒切圈、蔥切5～6cm段並將蔥白及蔥綠分開、雞肉以雞肉醃料醃10～15分鐘、將除了辣豆瓣醬的調味料，預先混合均勻備用（小知識❸）。

2 鍋內下2大匙油，放入雞胸肉丁，大火炒至7分熟取出備用。

3 原鍋不洗，下蔥白段、蒜末及大紅辣椒以中火爆香。

4 放回雞胸肉，下辣豆瓣醬以中火拌炒。

5 下預先混合好的調味料及蔥綠，轉大火拌炒。

6 最後拌炒均勻即完成！

 小知識

❶大的紅辣椒辣度低，不必擔心這道料理會太辣！
❷有辣豆瓣醬的料理一定要放糖，其可以有效中和辣豆瓣醬的鹹味！
❸辣豆瓣要炒過才香，故不預先混合。

雞肉類

日式唐揚雞

這是一道日式居酒屋或是拉麵店常見的料理，風味及外殼有別於台式鹹酥
雞，味道鹹鹹甜甜的非常好吃，作法其實不難，只要在炸的時候小心一點，
就能完美駕馭這道料理唷！

材料（2人份）

雞腿肉…350 克
蒜泥…10 克（不宜多容易焦）
薑泥…5 克
太白粉…20 克
低筋麵粉…20 克

雞肉醃料

米酒…20 克
醬油…10 克（不宜多容易焦）
味醂…10 克
芝麻油…5 克
鹽…0.5 克

作法

1 去骨雞腿排先切3cm
寬長條。

2 接著再切成4cm長的
塊狀。

3 雞腿肉加入蒜泥、薑
泥及雞肉醃料，醃漬1
小時備用。

4 加入麵粉及太白粉。

5 6 將其抓拌均勻，外層須有一層薄薄的麵糊
沾裹於雞肉（小知識❶）。

7 以攝氏160度油溫炸
約3分鐘（小知識❷）。

8 炸至表面金黃酥脆取
出瀝油。

9 成品搭配高麗菜絲及
檸檬即完成！

小知識

❶麵糊即為唐揚雞酥脆外殼的來源，務必確認有沾裹在雞肉上。

❷炸東西是將食材內的水分快速逼出，產生香氣及酥脆效果的過
程，最簡易測量方式，只需要將筷子當作食材，插進油鍋中央，
根據冒泡的狀態即可判斷油溫，產生氣泡越多越快，代表油溫越
高。

140°C

160°C

180°C

雞肉類

course
78

香煎脆皮雞腿排

煎出脆殼的雞腿排真的不難，只要讓溫度慢慢滲進雞皮逼出油脂，給予充足的時間與耐心，就能成就一道外面餐廳等級的雞腿排料理！

▌ 材料（1人份）

去骨雞腿排…1片（250克）

雞腿排醃料
米酒…1/2大匙
鹽…1/4小匙
白胡椒粉…1/4小匙

調味料
巴薩米克醋…1大匙

▌ 作法

1 雞腿排每隔2～3cm用刀輕輕劃開肉面備用（小知識❶）。

2 雞腿排兩面以雞腿排醃料醃10～15分鐘。

3 醃好後以廚房紙巾吸乾雞腿排水分（小知識❷）。

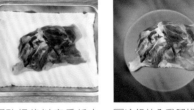

4 冷鍋放入雞腿排，轉中小火慢慢煎製。

5 煎雞皮時可輕壓雞腿排，使其受熱均勻。

6 待雞腿排大量出油，且雞皮呈現酥脆狀（約5～6分鐘）即可翻面（小知識❸）。

7 翻面後可按壓雞腿排使其受熱均勻，後續保持中小火，再煎2～3分鐘即熟透。

8 測試熟度可輕輕按壓雞腿排，若有回彈度則代表熟透，若太生的話按壓則會直接陷下去。

9 放涼後切長條狀，搭配厚切爆汁櫛瓜與蘑菇，最後淋上巴薩米克醋即完成（小知識❹）！

小知識

❶ 肉劃開目的在於煎雞腿時候不捲縮。
❷ 吸乾水分後續煎的時候不容易油爆，且能更快速上色。
❸ 此步驟除了從正面觀察出油量，更可以稍微將雞腿排翻起來，刮看看雞皮是否已酥脆。
❹「厚切爆汁櫛瓜」，櫛瓜請見p.98及「經典蒜炒蘑菇」蘑菇請見p.240。

雞肉類

193

course
79

芥菜蛤蜊雞湯

芥菜就是刈菜，俗稱長年菜，其盛產於冬季，一般人害怕它的苦味而不敢煮，
其實只要小小撇步，湯頭便會甘甜好味不發苦！

▌材料（4～6 人份）

仿土雞腿肉…650 克
芥菜…300 克（小知識❶）
蛤蜊…400 克
薑片…2 片
水…1500cc
米酒…50cc

調味料

鹽…1/4 小匙

小知識

❶這道湯品的芥菜請選大芥菜，並挑選有葉跟莖的（有的市場會把葉子拔掉）。
❷芥菜必須打斜刀，不然太厚成品口感很差。
❸帶骨食材必須冷水開始汆燙，這樣骨頭中的血沫與雜質才容易釋出，如果滾水下會導致蛋白質瞬間收縮，使汆燙效果大減。
❹芥菜要汆燙不然會苦，除非買到很嫩很新鮮的。

▌作法

1～3 薑切片、芥菜斜刀切薄片備用（小知識❷）。

4 冷水放入雞腿肉。

5 中大火煮滾將雞腿取出洗淨（小知識❸）。

6 將洗淨的雞腿、薑片、水及米酒放入鍋中。

7 大火煮滾撇去浮沫。

8 蓋上鍋蓋轉小火燉煮30分鐘。

9 起一鍋滾水，放入芥菜大火滾煮3～5分鐘去除苦味（小知識❹）。

10 將芥菜與蛤蜊放入鍋中，中大火煮5分鐘。

11 煮至蛤蜊打開，加入1/4小匙鹽即完成！

雞肉類

砂鍋濃白雞湯

這道湯品特別適合逢年過節登場，製作重點在於濃、醇、厚的雞白高湯如何熬煮，相信這是很多人都想知道的問題，常看到有的人熬了 4 ～ 5 個小時湯還是清清的，看完這篇相信熬湯將再也難不倒你，跟著食譜做保證人人都能成為製作雞白湯的高手！

▋ 材料

雞白高湯材料（4～6人份）
雞背骨…4個（915克）（小知識❶）
雞腳…10個（344克）
雞翅…2個（212克）
金華火腿（火焗）…（220克）（小知識❷）

瑤柱（乾的干貝）…4顆
水…3000cc
米酒…100cc
薑…2片
蔥…3支

砂鍋雞湯材料（4～6人份）
仿土雞腿…1支
花菇…8個
娃娃菜…8顆
雞白高湯…1500cc

砂鍋雞湯調味料
鹽…1/4小匙

▋ 作法

①薑切片、蔥切長段、所有食材清洗乾淨備用。

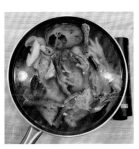

②冷水放入雞背骨、雞腳、雞翅及火焗。

③中大火煮滾去除雜質（小知識❸）。

④所有食材取出洗淨。

⑤將火焗切片（小知識❹）。

⑥將處理好的食材連同蔥段、薑片及瑤柱放入鍋中。

雞肉類

7 加水及米酒淹過所有食材。

8 大火煮滾撇去浮沫，轉爐心火燉煮4小時（小知識❺）。

9 燉煮至所有食材皆軟爛即可。

10 取出放入鍋中用鍋鏟壓碎（小知識❻）。

11 放入鍋中大火滾煮10分鐘至湯色變白（小知識❼）。

12 過濾掉所有骨頭。

⑬即得到一鍋濃、醇、厚的雞白高湯。

⑭乾香菇冷水泡發1小時、娃娃菜洗淨對半切、仿土雞腿肉汆燙後洗淨備用。

⑮將仿土雞腿放入冷水，中大火煮滾取出洗淨備用。

⑯將仿土雞腿、香菇放入鍋。

⑰大火煮滾撇去浮沫，蓋上鍋蓋轉小火燉煮15分鐘。

⑱開蓋放入娃娃菜，燉煮10分鐘至娃娃菜軟化，最後下鹽即完成！

 小知識

❶一般家庭製作的話，請使用土雞或是仿土雞的雞背骨（去掉雞胸肉的胸骨）、雞腳以及雞翅熬湯，特別注意不要使用肉雞，肉雞熬出來的湯風味很差！

❷煮出濃白湯的關鍵，請使用金華火腿火炯的部分，其帶皮帶肉帶骨，具有豐厚的油脂與膠質且風味極佳！

❸帶骨食材必須冷水開始汆燙，這樣骨頭中的血沫與雜質才容易釋出，如果滾水下會導致蛋白質瞬間收縮，使汆燙效果大減。

❹火炯切片味道較好釋放，切下來的骨頭不可丟棄，那也是熬湯的重要材料。

❺燉煮時請保持爐心火，避免水分燒乾；另外不要蓋鍋蓋，要讓食材的腥氣散掉，並讓水分蒸發使高湯更濃縮。

❻這鍋頂湯的重要手法，在於把熬好的骨肉取出壓碎，再用大火去滾過，沒有這個步驟不管花多久時間都熬不出白湯的，前面細火慢燉是熬出風味，後面大火滾煮是滾出白湯。

❼白湯之所以會白，是因為大火滾煮讓油脂跟水激烈碰撞，如此便能讓湯變白！

雞肉類

家常食材煮出掃盤料理

海鮮、蛋豆蔬菜篇

XO 醬炒雙鮮

這道料理是去港式餐廳我很愛的一道菜，XO 醬的鹹香風味可以襯托食材，
搭配海鮮可以說是鮮上加鮮超級好吃！

▌材料（3〜4人份）

蝦…15 隻（依家境增減）
透抽…1 隻
蔥…2 支
蒜頭…5 瓣
甜豆…50 克
玉米筍…50 克
紅蘿蔔…30 克

調味料

XO 醬…1.5 大匙（小知識❶）
醬油、蠔油…各 1/2 大匙
糖 1/8…小匙
白胡椒粉…1/4 小匙

▌作法

1️⃣蒜頭切末、蔥切段並將蔥白、蔥綠分開、玉米筍斜切段、甜豆剝除粗絲、紅蘿蔔切半圓形薄片、透抽切圈、蝦仁開背去腸泥備用。

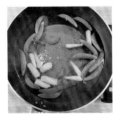

2️⃣將甜豆、玉米筍及紅蘿蔔滾水汆燙2〜3分鐘至熟取出備用。

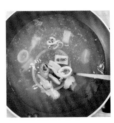

3️⃣滾水汆燙透抽10秒（小知識❷）。

4️⃣滾水汆燙蝦仁15秒（小知識❸）。

5️⃣鍋內下1大匙油，中火爆香蒜末及蔥白段。

6️⃣將蔬菜及海鮮料放入鍋中。

7️⃣加入醬油、蠔油、糖及白胡椒粉，大火拌炒均勻。

8️⃣炒至海鮮料熟後，加入XO醬拌炒均勻。

9️⃣最後下蔥綠再次拌炒均勻及完成！

小知識

❶XO醬牌子種類多，建議可購買商譽佳的熱銷品牌，避免踩雷。

❷透抽跟蝦仁汆燙的目的，在於後續拌炒不出水，若一直出水菜就炒不香了！

❸透抽跟蝦仁不必汆燙太久，燙至半生熟即可！因後續還要入鍋拌炒，燙熟了再炒口感會很韌。

海鮮類

鮭魚奶油燉菜

這道料理吃起來可以感受到充滿奶香的白醬、鮭魚的鮮味還有綿密鬆軟的蔬菜，不論是要配飯、配麵或是沾著麵包吃都超幸福的！喜歡焗烤的朋友，更可以撒上披薩用起司送烤箱烤至融化～～端上桌肯定會引起賓客驚呼連連！

▌材料（3～4人份）

鮭魚菲力…1 片（250 克）
洋蔥…2/3 顆（200 克）
馬鈴薯…1 顆（200 克）
紅蘿蔔…1 根（200 克）
花椰菜…100 克
水…800cc
有鹽奶油…60 克

低筋麵粉…60 克
牛奶…600cc
鹽、黑胡椒…1/2 小匙

鮭魚醃料
鹽及白胡椒…各 1/4 小匙

小知識

❶此步驟目的是要把麵粉生味炒掉，並且讓麵粉與奶油充分結合，特別注意炒的時候，火力不要太強避免燒焦。

❷白醬又稱貝夏梅醬，是法式料理的基礎醬料，使用的材料奶油、麵粉和牛奶，比例很好記為1：1：10！

▌作法

1 2 洋蔥、紅蘿蔔、馬鈴薯切塊、花椰菜切適口大小、鮭魚切小塊醃10分鐘備用。

3 鍋內下1大匙橄欖油，將鮭魚以中火煎至兩面金黃焦赤取出備用。

4 原鍋不洗，利用煎鮭魚的油中火拌炒洋蔥、紅蘿蔔及馬鈴薯。

5 接著加水淹過食材，大火煮滾後，蓋上鍋蓋小火燉煮20分鐘至蔬菜軟化。

6 花椰菜汆燙後取出備用。

7 將奶油以中小火融化。

8 倒入麵粉。

9 中火炒2～3分鐘糊化（小知識❶）。

10 加入牛奶煮至濃稠白醬備用（小知識❷）。

11 將白醬放入圖5，攪拌至白醬與湯汁融合。

12 最後放入鮭魚及花椰菜，並以鹽及黑胡椒調味即完成！

海鮮類

清蒸鱸魚

清蒸是我覺得最能吃出魚鮮甜滋味的處理方式，作法其實並不難，只要用心將腹膜血塊清洗乾淨，抹上鹽及米酒，大火速蒸一下，那肥嫩多汁的魚肉混合著醬汁，真的是至高無比的享受！

▌ 材料（2～3人份）

鱸魚…1 隻（350 克）	**蒸魚醬油**
薑片…3 片	薑…5 克
食用油…40cc	蔥…15 克
米酒…2 大匙	洋蔥…30 克
鹽…1 小匙	水…100cc
蔥絲…5 克	醬油…1 大匙
薑絲…5 克	蠔油…1 大匙
	香油…1 小匙
	糖…1/4 小匙
	白胡椒粉…1/8 小匙

▌ 作法

1 洋蔥切絲、薑切片、蔥切段放入鍋中，鍋內下1大匙油以中火炒香。

2 下水、醬油、蠔油、香油、糖及白胡椒粉大火煮滾，轉小火煮10分鐘。

3 過濾所有材料。

4 成品即為蒸魚醬油（小知識❶）。

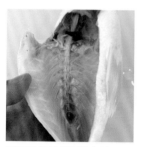
5 清除魚骨周圍的血塊（小知識❷）。

6 魚身劃刀斜切（小知識❸）。

7 下鹽跟米酒醃5～10分鐘。

8 盤子底部墊筷子，放上鱸魚鋪上薑片。

9 大火將水煮滾，將魚放入（小知識❹）。

10 保持大火蒸8分鐘（小知識❺）。

⑪筷子戳刺魚身最厚處，能輕易刺穿即熟透。

⑫將蒸出來的魚汁倒掉（小知識❻）。

⑬將蒸魚醬油沿著盤子淋入（小知識❼）。

⑭將食用油燒至冒煙。

⑮魚身鋪上蔥薑絲，淋上熱油即完成！

❶亦可買現成蒸魚醬油取代。
❷魚骨周圍的血塊是腥味來源，務必徹底清除。
❸劃刀可以使魚皮不會爆裂，更可以讓魚更快熟透。
❹蒸魚火力要旺，才能在最短時間把魚蒸熟，保留最大程度的鮮味，故一定要將水煮至大滾才可放魚。
❺家庭瓦斯爐半斤魚蒸8分鐘；電鍋半斤魚蒸10分鐘。
❻魚汁有腥味務必丟棄。
❼醬汁不可淋在魚身，以免破壞賣相。

海鮮類

course

84

零失敗香煎干貝

煎干貝是逢年過節非常有面子的菜，但是要如何將其煎好，是很多人都有的疑惑，其實只要掌握「干貝表面乾燥無水分」、「鍋跟油夠熱且過程中保持溫度」這兩個原則，處理干貝可說是信手拈來、輕輕鬆鬆唷！

▌材料（1 人份）

北海道生食級干貝…3 顆
鹽…1/4 小匙

▌作法

① 好的生食級干貝的形狀不規則，粒粒厚實、晶瑩飽滿且沒有冰晶產生，撕開是絲狀的垂直紋路，味道自然甘甜，沒有腥味，絕非口感吃起來像橡皮筋，有韌性，腥味較重的腰子貝！

② 冷凍干貝蓋上保鮮膜送冷藏1天解凍。

③ 解凍後用廚房紙巾吸乾水分。

④ 接著送回冷藏30分鐘備用（小知識❶、❷、❸）。

⑤ 冷鍋倒入油並將油燒熱。

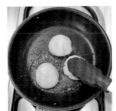

⑥ 放入干貝並輕輕按壓，使干貝表面貼平鍋面（小知識❹）。

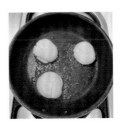

⑦ 過程中可變換位置，避免不沾鍋空燒，且保持溫度的一致（小知識❺）。

⑧ 煎至一面金黃上色，另一面稍微煎10～15秒，取出撒鹽即完成（小知識❻）！

 小知識

❶ 再次送回冷藏是「關鍵步驟」絕對不能省，目的是要風乾干貝表面，如此才能完美上色，故不必蓋保鮮膜！
❷ 風乾後的干貝請勿撒鹽，否則煎的時候會大量出水前功盡棄！
❸ 冷藏完的干貝可直接下鍋煎，此時干貝整顆是冰冷的，可以減緩熱力透進中心點的速度，避免煎的時候溫度沒拿捏好過熟！
❹ 家庭火力小，建議用小鍋讓火力集中，並且不要一次煎太多顆，避免溫度拉不上來！
❺ 變換位置意即將干貝移動到鍋子的空燒處。
❻ 喜歡奶油風味的朋友，請在干貝上色後，加1小塊奶油煎至融化淋在干貝上提味。

海鮮類

糖醋魚片

酥脆的魚片裹上酸甜適口的糖醋醬，真的非常開胃，是一道大人小孩都喜歡
的家常菜色！

▌ 材料（2～3 人份）

鯛魚片…2 條（200 克）（小知識❶）
黃、紅、青椒…各 50 克（小知識❷）
洋蔥…50 克
蒜末…5 瓣
地瓜粉…100 克
玉米粉水…2 大匙（小知識❸）

魚肉醃料

米酒…1 大匙
鹽、白胡椒粉…各 1/4 小匙

調味料

番茄醬…3 大匙
水…3 大匙
醬油…1 小匙
糖…3 大匙
白醋…3 大匙

▌ 作法

1️⃣2️⃣洋蔥及彩椒切塊、蒜頭切末、鯛魚切3cm塊，並以魚肉醃料抓醃5～10分鐘備用。

3️⃣將醃好的鯛魚塊均勻裹上地瓜粉。

4️⃣起油鍋將油溫升至攝氏160度，先下蔬菜炸1分鐘取出備用（小知識❹）。

5️⃣再下鯛魚塊炸2～3分鐘。

6️⃣炸好的魚塊及蔬菜取出瀝油備用。

7️⃣鍋內下1大匙油，中火爆香蒜末後，下番茄醬拌炒均勻。

8️⃣加入水、糖、醬油及白醋大火煮滾，接著下玉米粉水勾芡至濃稠。

9️⃣將炸好的鯛魚塊及蔬菜放入鍋中，拌炒均勻即完成！

小知識

❶市售的魚可用於糖醋魚片的選擇性相當多，以巴沙魚與台灣鯛魚片最廣為運用，因魚肉完全無刺且取得方便。
❷蔬菜量等於主食材量成品賣相才會均勻。
❸玉米粉水比例為2大匙玉米粉混合4大匙水（1：2）
❹炸東西是將食材內的水分快速逼出，產生香氣及酥脆效果的過程，最簡易測量方式，只需要將筷子當作食材，插進油鍋中央，根據冒泡的狀態即可判斷油溫，產生氣泡越多越快，代表油溫越高。

140℃　160℃　180℃

海鮮類

金沙中卷

這道菜是熱炒店的經典熱門款，鮮美Q彈的透抽裹上金黃鹹蛋，金燦燦的讓人食指大動！

▌材料（3～4人份）

透抽…1 隻（235 克）

雞蛋黃…1 顆（50 克）

玉米粉…50 克

地瓜粉…150 克

鹹蛋黃…3 顆

鹹蛋白…1 顆半

蒜頭…5 瓣

蔥…1 支

小辣椒…1 根

米酒…1 大匙

透抽醃料

鹽及白胡椒…各 1/4 小匙

小知識

❶ 因透抽本身無黏性，無法沾上乾粉，導致下油鍋就會大量脫粉導致失敗，故此步驟目的是讓透抽產生黏性，幫助後續沾上乾粉。

❷ 反潮是指食材上的醃料滲出地瓜粉，使地瓜粉帶溼氣，在炸的時候比較不易掉粉。

❸ 炸東西是將食材內的水分快速逼出，產生香氣及酥脆效果的過程，最簡易測量方式，只需要將筷子當作食材，插進油鍋中央，根據冒泡的狀態即可判斷油溫，產生氣泡越多越快，代表油溫越高。

140℃　160℃　180℃

❹ 炒鹹蛋黃油要多一點才炒得起來。

❺ 鹹蛋白作用是取代鹽，故本道菜不下鹽，惟鹹蛋白很鹹，下的量約一顆半即可！

▌作法

1 2 蔥切蔥花、蒜頭切末、小辣椒斜切圈、鹹蛋黃及鹹蛋白切碎、透抽切圈以透抽醃料抓醃5～10分鐘備用。

3 將醃好的透抽、雞蛋黃及玉米粉放入盆中。

4 攪拌均勻至產生黏性（小知識❶）。

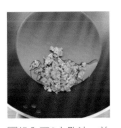

5 將透抽內外均沾裹上地瓜粉，靜置3分鐘等待反潮（小知識❷）。

6 油溫升至攝氏180度炸2～3分鐘（小知識❸）。

7 撈出瀝油備用。

8 鍋內下2大匙油，放入鹹蛋黃以中火慢炒至起泡（小知識❹）。

9 鹹蛋黃起泡後，下蒜末、蔥花及小辣椒，並以中火炒香。

10 下米酒中火滾煮15秒揮發酒氣。

11 加入炸好的透抽拌炒均勻。

12 最後撒上鹹蛋白再次拌炒均勻即完成（小知識❺）！

海鮮類

炸蚵仔酥

這是一道我非常喜歡的經典臺式料理，酥脆飽滿的鮮蚵送入口中，那是阿嬤的味道，是難以忘懷的古早味！

▌ 材料（3～4人份）

蚵仔…300 克
九層塔…20 克
玉米粉…50 克
地瓜粉…150 克

調味料
鹽 & 白胡椒…各 1/4 小匙

▌ 作法

1 蚵仔加入2大匙玉米粉（小知識❶）。

2 輕輕抓拌均勻。

3 沖洗乾淨備用。

4 將蚵仔均勻裹上地瓜粉。

5 靜置3～5分鐘等待反潮（小知識❷）。

6 以攝氏180度油溫炸蚵仔約1.5分鐘（小知識❸）。

7 取出瀝油備用。

8 油溫攝氏180度炸九層塔10～15秒。

9 蚵仔及九層塔撒上調味料即完成！

小知識

❶ 加粉才能有效帶走髒汙，另用太白粉、地瓜粉、麵粉取代皆可。

❷ 反潮是指食材上的醃料滲出地瓜粉，使地瓜粉帶溼氣，在炸的時候比較不易掉粉。

❸ 炸東西是將食材內的水分快速逼出，產生香氣及酥脆效果的過程，最簡易測量方式，只需要將筷子當作食材，插進油鍋中央，根據冒泡的狀態即可判斷油溫，產生氣泡越多越快，代表油溫越高。

140℃　160℃　180℃

海鮮類

港式鮮蝦粉絲煲

我的第一本書曾介紹過這道菜，這次採用港式作法，與台式最大差別就是冬粉的質感，說到冬粉可別小看它嘿！炒過的冬粉香氣十足，而且成品超級 Q 彈，吃起來非常乾爽，跟台式版本有著巨大的差異！

▌材料（3～4人份）

蝦⋯15隻（依家境增減）　　紅蔥頭⋯4瓣
冬粉⋯3球　　　　　　　　小辣椒⋯1/2根
蔥⋯1支　　　　　　　　　花雕酒⋯1大匙（可用米酒代替）
蒜⋯6瓣　　　　　　　　　雞高湯⋯100cc

調味料

醬油、蠔油⋯各1大匙
白胡椒粉⋯1/4小匙
糖⋯1/8小匙
香油⋯1大匙（起鍋前放）

▌作法

1 蔥切蔥花、蒜頭與紅蔥頭切末、辣椒斜切段、冬粉泡冷水10～15分鐘泡軟、鮮蝦剪去鬍鬚及開背去蝦線備用（小知識❶）。

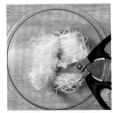

2 3 冬粉水分瀝乾剪1～2刀，以醬油抓拌至上色（配方外，醬油約2～3大匙）。

4 鍋內下1大匙油，放入冬粉並平鋪於鍋底，大火加熱且不移動冬粉將其煎香（約1～2分鐘）（小知識❷）。

5 煎香後「關火」稍微拌炒一下（約10～15秒）取出備用（小知識❸）。

6 鍋內下1大匙油，大火將蝦煎上色。

7 接著加入蒜頭、紅蔥頭及辣椒爆香。

8 再放入花雕酒、雞湯及調味料（除了香油）大火煮滾。

9 放入炒好的冬粉拌炒至底部無湯汁。

10 最後撒上蔥花及香油即完成！

小知識

❶ 冬粉用水泡開就好，不要用熱水煮過，熱水煮過的乾煎很容易全部黏在一起。

❷ 這一步影響成敗關鍵必須特別注意，冬粉務必平鋪鍋底，且一開始煎的時候不要隨意移動，否則很容易全部沾黏在一起。

❸ 煎香之後關火用餘溫稍微拌一拌就好，不然也會很容易沾黏。

海鮮類

金沙蝦仁豆腐煲

這道料理金燦美麗，端上桌落落大方！首先說起食材，蝦仁、豆腐與毛豆一直是相當合拍的搭檔，不但味道非常讚，口感上嫩、滑、Q 彈都在其中，豐富了我們的口腔，非常有趣！

▋ 材料（3～4人份）

蝦仁…12隻（依家境增減）
中華嫩豆腐…1盒
毛豆…70克
鹹蛋黃…3顆
雞高湯…250cc

蔥…1支
蒜頭…5瓣
米酒…2大匙
玉米粉水…3大匙（小知識❶）

蝦仁醃料
鹽…1/4小匙
白胡椒粉…1/8小匙
米酒…1/2大匙

調味料
鹽…1小匙
白胡椒…1/4小匙

▋ 作法

① 蒜頭切末、蔥切蔥花、鹹蛋黃壓扁後切碎、豆腐切2×2小塊、蝦仁開背去腸泥後，以蝦仁醃料醃10分鐘備用。

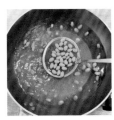

②③ 一鍋滾水，加入1小匙鹽（配方外），汆燙毛豆及豆腐備用（小知識❷）。

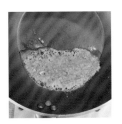

④ 鍋內下2大匙油，放入鹹蛋黃以中火慢慢炒散炒出泡（小知識❸）。

⑤ 接著加入蒜頭爆香。

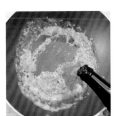

⑥ 淋入米酒大火滾煮10～15秒揮發酒氣。

⑦ 加入雞高湯與豆腐，煨煮3～5分鐘。

⑧ 接著下蝦仁。

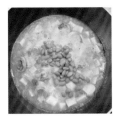

⑨ 蝦仁煮熟後，下毛豆、鹽及白胡椒粉攪拌均勻。

⑩ 下3大匙玉米粉水勾芡，最後散上蔥花即完成！

小知識

❶ 玉米粉水比例為2大匙玉米粉混合4大匙水（1：2）。

❷ 汆燙毛豆與豆腐可去除異味，更可避免豆腐在後續煨煮不斷出水。

❸ 鹹蛋黃需要油多一點才炒得散。

海鮮類

敲蝦片 海帶芽湯

這道湯品基底是由簡易蝦湯輔以鰹魚粉組成，配搭上海帶芽還有非常特別的敲蝦片，吃起來是完全截然不同的感受，視覺效果也非常棒，最後用蛋絲點綴～完全是一道適合宴客的菜品，也能展示主人的用心！

▌材料（3～4人份）

白蝦…12 隻（依家境增減）
低筋麵粉…100 克（依蝦量自行調整）
蒜頭…4 瓣
海帶芽…10 克
蛋…2 顆

蝦仁醃料

鹽…1/4 小匙

蛋絲調味料

鹽…1/4 小匙

敲蝦片海帶芽湯調味料

鰹魚粉…1 小匙
鹽…1/4 小匙
白胡椒粉…1/8 小匙

▌作法

1 蒜頭切末、蛋打散調味、海帶芽泡發、剝蝦將蝦頭蝦殼與蝦肉分開備用。

2 3 將蝦肉開背去掉蝦線，並撒上蝦仁醃料抓醃5～10分鐘備用。

4 接著將蝦肉均勻沾上低筋麵粉。

5 6 將蝦平鋪於砧板，用擀麵棍輕敲成大片片狀備用（小知識❶）。

 小知識

❶輕敲以免蝦破掉，另外敲到沒有粉的地方會黏，必須再補粉。
❷只有蝦仁者可省略蝦湯製作，直接用雞高湯即可。

海鮮類

7 鍋內下3大匙油，中火將油燒熱放入蝦頭蝦殼。

8 過程可用鍋鏟輔助擠出蝦膏。

9 待炒出蝦油 （油呈現紅色）加入蒜頭爆香。

10 接著加水大火煮滾撇去浮沫，轉小火燉煮20分鐘。

11 過濾掉蝦殼成蝦湯備用（小知識❷）。

12 於蝦湯下入敲好的蝦片。

13 於蝦湯下入敲好的蝦片及海帶芽。

14 中火將蝦片煮熟並加入調味料備用。

15 鍋內下1大匙油後加入蛋液。

16 煎至兩面熟後取出。

17 捲起後切成蛋絲。

18 盛盤後鋪上蛋絲即完成！

海鮮類

乾煸四季豆

乾煸四季豆是一道川菜家常菜，只需將四季豆炸乾炸上色，再與炒出油脂的豬肉還有辛香料拌炒，整道菜香氣逼人且酥酥脆脆口感極佳，真的是一道餐桌熱門的下飯菜，值得你一試！

▌材料（3～4人份）

四季豆…200 克
豬梅花絞肉…100 克（小知識❶）
蒜頭…5 瓣
薑…1 小塊
乾辣椒…10 克

調味料

鹽、糖…1/4 小匙
烏醋…1/4 小匙（起鍋後加）

▌作法

1 四季豆切6～8cm
段、蒜頭與薑切末備
用。

2 以攝氏160度油溫下
四季豆（小知識❷）。

3 炸約5～6分至四季豆
變色（小知識❸）。

4 取出瀝油備用。

5 鍋內下2大匙油，放
入絞肉炒至變色。

6 將鍋傾斜，將絞肉半
煎炸至酥脆（約2～3分
鐘）（小知識❹）。

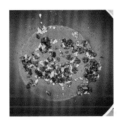

7 下薑、蒜末以中火爆
香。

8 加入乾辣椒炒香。

9 下四季豆、鹽及糖，
拌炒均勻後，起鍋前加
入烏醋即完成！

 小知識

❶絞肉挑有油脂的，釋出的油脂四季豆能吸收，吃起來更香。
❷炸東西是將食材內的水分快速逼出，產生香氣及酥脆效果的過
　程，最簡易測量方式，只需要將筷子當作食材，插進油鍋中央，
　根據冒泡的狀態即可判斷油溫，產生氣泡越多越快，代表油溫越
　高。
❸這道料理四季豆應呈現
　顏色深且酥脆的狀態，
　方符合乾煸的主題。
❹這道料理絞肉應呈現顏
　色深且酥脆的狀態，方
　符合乾煸的主題。

蛋·豆·蔬菜類

蠔油鮮菇玉米筍

這道料理可說是色香味俱全，我把我喜歡的兩個食材放在一起，運用粵菜的料理手法，並輔以蠔油提升蔬菜的鮮味，真的超級下飯～吃素的朋友可以把蠔油換成香菇素蠔油，蒜末換成薑末，最後不撒蔥花，就是一道非常美味的素菜！

▌ **材料**（2～3人份）

蔥…1 支
蒜頭…4 瓣
香菇…150 克
玉米筍…100 克
玉米粉水…1 大匙（小知識❶）
水 80cc

調味料

蠔油…1.5 大匙
醬油…1 大匙
白胡椒粉…1/8 小匙

▌ **作法**

1 香菇切片、玉米筍攔腰斜切、蒜頭切末、蔥切蔥花備用。

2 3 起一鍋滾水放入香菇及玉米筍，汆燙1分鐘撈起瀝乾備用。

4 鍋中下1大匙油，中火爆香蒜末。

5 放入香菇及玉米筍。

6 加入調味料及水大火煮滾。

7 煨煮1分鐘後下玉米粉水勾芡至濃稠。

8 最後撒上蔥花即完成！

蛋・豆・蔬菜類

小知識

❶玉米粉水比例為1大匙玉米粉混合2大匙水（1：2）。

course
93 塔香茄子

這道是經典的台式熱炒料理,將燒至入味的茄子,以台菜靈魂九層塔點綴,
一瞬間就讓這道菜活了過來,相當好吃下飯,是你不容錯過的料理!
本次烹調運用半煎炸的方法,快速將茄子過油,使其保有亮麗的紫色,有關
茄子保色的處理法,在我第二本書《會開瓦斯就會煮【續攤】》有分享水煮、
蒸煮、微波法,可以拿出來溫故知新唷!

▋ 材料（6～8人份）

茄子…2根（250克）
九層塔…20克
蒜頭…5瓣
小辣椒…1/2根

調味料

醬油、米酒…各1大匙
醬油膏…1/2大匙
烏醋…1/2大匙

▋ 作法

① 茄子切滾刀塊、九層塔去掉莖只取葉子、蒜頭切末、辣椒斜切圈備用。

②③油溫攝氏180度下茄子炸2分鐘，取出瀝油備用（小知識❶）。

④ 鍋內下1大匙油，下蒜末及小辣椒以中火爆香。

⑤下茄子及調味料除了烏醋，大火拌炒均勻（約1分鐘）（小知識❷）。

⑥加入九層塔拌炒均勻。

⑦起鍋前加入烏醋再次拌炒均勻即完成！

小知識

❶炸東西是將食材內的水分快速逼出，產生香氣及酥脆效果的過程，最簡易測量方式，只需要將筷子當作食材，插進油鍋中央，根據冒泡的狀態即可判斷油溫，產生氣泡越多越快，代表油溫越高。

❷此步驟目的在於使其入味，記得茄子已熟不用拌炒太久，否則顏色會掉光！

140℃ 160℃ 180℃

蛋・豆・蔬菜類

course
94

眷村醋溜土豆絲

這是一道眷村菜,其發源地來自山東,屬於魯菜,而土豆就是我們稱的馬鈴薯,這道料理非常有口感,清脆的馬鈴薯絲搭配酸爽的調味,讓人會忍不住一口接一口,是一道非常開胃的下飯菜!

▌材料（2～3 人份）

馬鈴薯…2 顆（250 克）
蔥…2 支
蒜頭…5 瓣
乾辣椒…5 克
青花椒…3 克

調味料
鹽…1/4 小匙
白醋…2 大匙

▌作法

① 馬鈴薯先削掉一小塊，切出平面後放置使其站穩不滾動。

②③ 切出薄片，再切成細絲。

④ 切好的馬鈴薯絲泡水避免氧化發黑。

⑤ 蔥切段並將蔥白、蔥綠分開、蒜頭切末、馬鈴薯切絲備用。

⑥ 鍋內下 2 大匙油放入花椒粒，小火焗 5 分鐘成花椒油，接著撈掉花椒粒備用。

⑦ 鍋內下入蒜末、蔥白段及乾辣椒中火爆香。

⑧ 下馬鈴薯絲大火拌炒1分鐘（小知識❶）。

⑨ 下調味料及蔥綠，再次拌炒均勻即完成！

小知識

❶馬鈴薯絲不必炒太久才能保持脆口度。

麻油米血

這道麻油米血的調味及手法仿台南花園夜市知名攤位，吃起來外層軟糯，醬汁是濃稠型的，惟我沒有吃那麼甜，糖的部分有減量！但醬汁味道依然非常棒，與米血配搭在一起非常好吃，真心推薦值得一試！

▌ 材料（3～4 人份）

老薑…70 克
黑麻油…2 大匙
食用油…1 小匙
米血…600 克
米酒…100cc
水…600cc

調味料

醬油…1.5 大匙
鹽…1/4 小匙
糖…2 大匙

▌ 作法

1 薑切片、米血切塊備用。

2 鍋內下2大匙黑麻油及1小匙食用油，冷油放入薑片（小知識❶）。

3 中小火煏至捲曲（約10分鐘）。

4 放入米血煎至兩面上色。

5 下米酒大火滾煮15～20秒揮發酒氣。

6 接著加水（淹過食材）及調味料大火煮滾，蓋上鍋蓋轉中小火煮30分鐘。

7 開蓋後轉中大火收汁（約10～15分鐘）。

8 待湯汁收到剩1/3時，需轉中小火並不斷翻炒，炒至醬汁濃稠即完成！

 小知識

❶麻油不要下太多以免成品過油，另麻油混食用油可增加麻油發煙點，避免發苦。

蛋・豆・蔬菜類

course
96

黃金薯餅

薯餅是我很喜歡的早餐之一,尤其自製的薯餅可以做得又大又厚,吃起來相當滿足!

▋ 材料及調味料（3 人份）

馬鈴薯…3 顆（300 克）
太白粉…10 克
鹽…2 克

胡椒鹽
鹽及白胡椒…各 1/4 小匙

▋ 作法

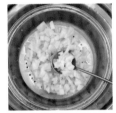

1 馬鈴薯切碎放入盆中，送進電鍋外鍋1.5杯水蒸至跳起（小知識❶）。

2 確認馬鈴薯皆蒸至鬆軟備用。

3 趁熱拌入太白粉跟鹽。

4 取100克馬鈴薯，手上抹油揉成圓球。

5 接著塑型呈橢圓形備用。

6 7 油溫攝氏160度，中火將兩面各炸5分鐘至金黃酥脆（小知識❷）。

8 起鍋瀝油趁熱撒上胡椒鹽，成品搭配番茄醬即完成！

小知識

❶ 馬鈴薯不要太碎，成品才有口感。
❷ 炸東西是將食材內的水分快速逼出，產生香氣及酥脆效果的過程，最簡易測量方式，只需要將筷子當作食材，插進油鍋中央，根據冒泡的狀態即可判斷油溫，產生氣泡越多越快，代表油溫越高。

140℃ 160℃ 180℃

蛋・豆・蔬菜類

甜蔥炒黃金油豆腐

這道料理可以吃到香氣十足的油豆腐，其本身已經有味道，照燒的風味再賦予甜蔥鹹甜的好滋味，兩個搭配一起吃真的超級下飯～～超喜歡的！大家有機會可以試試看，當餐吃或是帶便當都好適合！

▌材料（2～3人份）

滷油豆腐…1 盒
日本甜蔥…1 根

調味料

醬油、米酒、味醂…各 1 大匙
水…2 大匙

▌作法

1 將甜蔥蔥白段斜切，蔥綠段直切備用。（小知識❶）

2 3 油豆腐一開三備用。

4 鍋內下1大匙油，中火將油豆腐兩面煎上色。

5 接著撥開豆腐下蔥白段。

6 炒至飄香後下調味料。

7 燒至醬汁剩一半時放入蔥綠。

8 最後把醬汁收乾即完成！

小知識

❶日本甜蔥全聯有賣，外型白白胖胖，口感又水又甜，比一般的蔥好吃許多。

蛋・豆・蔬菜類

經典蒜炒磨菇

製作蘑菇料理最重要的就是要煎至金黃上色,如此才能最大程度激發其香氣,本篇食譜將手把手帶你解密蘑菇的處理法,學完之後可以應用於各種配菜,實在相當實用!

▍材料（1～2人份）

蘑菇…200克
蒜頭…4瓣

調味料
鹽及黑胡椒…各1/4小匙

▍作法

① 確認蘑菇是否有髒汙或灰塵。

② 用清水快速洗淨（小知識❶）。

③ 蘑菇擦乾後對切備用。

④ 鍋內下2大匙油，大火將油燒熱放入蘑菇，此時不要移動讓蘑菇貼著鍋面煎上色（小知識❷）。

⑤ 將蘑菇兩面大火各煎1分鐘至上色。

⑥ 下蒜末以大火爆香。

⑦ 下鹽及黑胡椒，拌炒均勻即完成！

小知識

❶ 蘑菇可以清洗但不能泡水，泡水會導致軟爛且風味盡失，惟記得清洗過的蘑菇必須吸乾水分，久放亦會導致軟爛。
❷ 蘑菇非常容易出水，必須全程保持大火才能煎上色，若用中火以下，待其大量出水就不是煎蘑菇而是煮蘑菇囉！

蛋・豆・蔬菜類

course
99 涼拌干絲

這道小菜在麵館隨處可見,其實在家做起來相當簡單,但因為干絲製作過程會加入鹼讓口感更好,所以前處理的務必仔細去除鹼味,才能讓成品口感佳且無異味唷!

▌材料（3～4 人份）

干絲…250 克（小知識❶）
芹菜及紅蘿蔔…各 60 克

調味料
鹽…1/4 小匙
香油…1 大匙

1️⃣紅蘿蔔切絲、芹菜切5～6cm段備用。

2️⃣將干絲漂洗3次至水清備用（小知識❷）。

3️⃣剪2～3刀呈適口大小備用。

4️⃣起一鍋滾水下干絲、紅蘿蔔及芹菜段汆燙3分鐘。

5️⃣取出泡冰水冰鎮至涼（小知識❸）。

6️⃣將干絲、紅蘿蔔及芹菜段瀝乾水分，加入調味料攪拌均勻，冷藏一晚至入味即完成！

小知識

❶干絲可在傳統市場或是網購買到。
❷干絲有很重的鹼味，必須重複漂洗才能去除。
❸冰鎮後更有口感。

香滷小豆干

這是一道很涮嘴的小菜,製作方法超級簡單,只要把材料跟調味料一起放到鍋子加熱,將豆乾滷透後再收汁至濃稠,原理跟紅燒肉非常相似!然後這道料理不管熱吃或冷吃都相當美味,相信大人小孩都會喜歡的!

▌ 材料（6～8人份）

五香四分干…600克
甘草…1錢
八角…1錢
食用油…50克

調味料

醬油…120克
冰糖…60克

① 本次使用的小豆干稱為四分干，可在傳統市場或是網拍購買，亦可買一般五香豆干一開四替代。

② 將所有材料及調味料放入鍋中。

③ 中火煮滾至冰糖全部融化。

④ 蓋上鍋蓋轉小火煮30分鐘。

⑤ 開蓋後轉中大火收汁。

⑥ 收至醬汁濃稠即完成！

⑥ 取出豆干後可以現吃，亦可冷藏後隔天吃！

後記

　　2019 年新冠疫情爆發至今，情況終於日漸趨緩，再脫下口罩的同時，也讓我回憶這三年來的點點滴滴。

　　其中最讓我印象最深刻，就是 2021 年發布的第三級警戒時期，當時人人足不出戶開始學習下廚，也因此，那段期間很多人追蹤我的 IG 一起學煮菜（曾有一夜就有 1 萬人追蹤），因為追蹤的人多了，許多烹飪問題開始接踵而來，一天要回 3～400 則訊息已成家常便飯！

　　回憶起那時候，每天忙於工作、分享菜餚、籌備新書並回覆大量網友訊息，一天睡不到 4 小時已是習以為常，然而我卻樂此不疲，希望能燃燒自己去照亮他人！然而，就在疫情趨緩的同時，我也因長期勞累而病倒了，第一次感覺到身體不屬於自己，第一次感覺到連做菜竟也那麼地費力……

於是，我開始正視自己的健康，並學著調整生活的步調，告訴自己要勞逸結合，允許自己偶爾偷偷懶，最重要的是，我也將新書籌備時間拉長為兩年，讓自己好好養病後再重新出發，這也是為什麼我的第三本書，隔了這麼久才出版的原因！

　　這些故事，我從來不曾與外人道也，因為這都是自己的選擇，既然做了就不要後悔！之所以會把這件事寫在後記，單純希望可以紀錄這特別的回憶。這本書能出版著實不容易，希望大家都喜歡《會開瓦斯就會煮3【就是這個味】》唷，未來我也會持續正視自己的健康，繼續推出更多更棒的作品的！

大象主廚

bon matin 145

會開瓦斯就會煮（3）【就是這個味！】

作　　者　大象主廚

野人文化

社　　長　張瑩瑩
總編輯　蔡麗真
美術編輯　林佩樺
插圖設計　Kay Chen
封面設計　倪旻鋒
校　　對　林昌榮、周佳穎

責任編輯　莊麗娜
行銷企畫　林麗紅
出　　版　野人文化股份有限公司（讀書共和國出版集團）
發　　行　遠足文化事業股份有限公司
　　　　　地址：231新北市新店區民權路108-2號9樓
　　　　　電話：（02）2218-1417
　　　　　傳真：（02）86671065
　　　　　電子信箱：service@bookrep.com.tw
　　　　　網址：www.bookrep.com.tw
　　　　　郵撥帳號：19504465遠足文化事業股份有限公司
　　　　　客服專線：0800-221-029

法律顧問　華洋法律事務所　蘇文生律師
印　　製　凱林彩印股份有限公司
初版 1 刷　2022年12月28日
初版 5 刷　2024年07月29日
有著作權　侵害必究
歡迎團體訂購，另有優惠，請洽業務部
（02）22181417分機1124

國家圖書館出版品預行編目（CIP）資料

會開瓦斯就會煮.3：就是這個味/大象主廚著.-- 初版.-- 新北市：野人文化股份有限公司出版：遠足文化事業股份有限公司發行，2023.01
256面；17×23公分.--（bon matin；145）　ISBN 978-986-384-823-3（平裝）　　1.CST：食譜
427.1
111020372

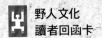
會開瓦斯就會煮（３）【就是這個味！】

姓　名　　　　　　　　　□女 □男　年齡 _____

地　址 _____

電　話 _____ 手機 _____

Email _____

學　歷 □國中(含以下) □高中職　□大專　　□研究所以上
職　業 □生產/製造　□金融/商業　□傳播/廣告　□軍警/公務員
　　　　□教育/文化　□旅遊/運輸　□醫療/保健　□仲介/服務
　　　　□學生　　　□自由/家管　□其他

◆你從何處知道此書？
　□書店　□書訊　□書評　□報紙　□廣播　□電視　□網路
　□廣告DM　□親友介紹　□其他

◆您在哪裡買到本書？
　□誠品書店　□誠品網路書店　□金石堂書店　□金石堂網路書店
　□博客來網路書店　□其他_____

◆你的閱讀習慣：
　□親子教養　□文學 □翻譯小説 □日文小説 □華文小説 □藝術設計
　□人文社科　□自然科學　□商業理財　□宗教哲學 □心理勵志
　□休閒生活（旅遊、瘦身、美容、園藝等）　□手工藝／DIY　□飲食／食譜
　□健康養生 □兩性 □圖文書／漫畫 □其他

◆你對本書的評價：（請填代號，1.非常滿意　2.滿意　3.尚可　4.待改進）
　書名_____封面設計_____版面編排_____印刷_____內容_____
　整體評價_____

◆希望我們為您增加什麼樣的內容：
_____
_____

◆你對本書的建議：
_____
_____

專注於慢熬雞湯的中式品牌

堅持無添加的天然風味
讓餐桌日常變得有滋有味

好好食房秉持最樸實的料理方式，透過細火慢熬將食材精華完美淬煉，用暖心、暖胃的家常湯品，陪伴每個疲憊的你，把時間留給自己，好好吃飯、慢慢生活。

強力推薦!!

象廚愛用高湯推薦!!

原粹鮮熬雞湯

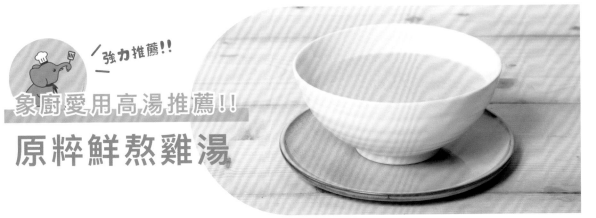

合作近20篇食譜，現為象廚愛用雞白湯基底，完美復刻費時6小時熬煮的砂鍋白湯。任何雞湯料理都能在10–15分鐘內完成，適合分秒必爭的煮婦及上班族！